ペット弁護士
浅野明子先生の

知って得する！

ペットトラブル

解決力アップの秘訣38！

弁護士
浅野明子著

大成出版社

はじめに

ペットに関する問題は人の問題

「隣家の犬の吠え声がうるさい」「近所の犬に咬まれた」「ふんが放置されている」といった日々のご近所とのトラブルにはじまり、ペットの購入、獣医療、ペットの預かり、美容、ペット霊園など、めざましい勢いで増えるペット関連サービスにおけるトラブル、そして、ペットに対する虐待―飼い主、第三者によるを問わず―、ペットの国際取引、逃走ペットの野生化による生態系のかく乱、ズーノーシス（人獣共通感染症）の問題など、ざっと考えただけでもペットをめぐるトラブル、課題は多岐にわたります。

　ペットトラブルは、たいてい、ペットの問題というよりも人間の問題です。昨今増えている「ペット公害」などは特にそうです。誰もが、いつ「被害者」になるか、はたまた「加害者」になるかわからない身近な問題といえます。

　トラブルの対処には、相手の立場に立って想像してみることが大切です。そして、自分一人で解決できない問題は、関係者みんなでどうすればよいかを話し合い、協力し合っていく、このような関係づくりもペットトラブルの解決には大事なことです。

この本がめざすもの

この本は、公益社団法人日本愛玩動物協会の機関誌『愛玩動物』の連載がもとになっています。連載の趣旨は、職場や家庭、ボランティアなどでふだん動物に接している会員からの素朴な質問に対し、法律ではどう定められているのか？裁判例はあるのか？実際どうすればよいのか？といったことに、可能な限り、具体的、実践的に回答することにありました。「実践的」を追究するあまり、なかには、筆者個人の考え方が強く出ている箇所もあるかもしれません。また、本書出版に伴い、コラムを加えるなど全面的に見直し、なるべくわかりやすい解説を心がけたつもりですが、それでもなお動物や法律に慣れていない一般の読者にはなじみのない用語がポンポン出てきて少し難しく感じられるかもしれません。

本来であれば、国民みんなが知っておくべき法令や裁判例は、わかりやすい言葉で書かれているのが理想です。しかし、実際は、（正確を期すためにやむを得ない面もあるのですが）法律用語に慣れている人でないと、さっぱりわからない表現や言い回しもあります。そんな法令や裁判例を紹介する本書は、やはりちょっととっつきにくいかもしれませんが、どうぞご容赦ください。

本書を手にとってくださった方は、動物に対して愛情と専門的な関わりを持っていらっしゃる方が多いと思います。あるいは、たまたま偶然手にとられ、動物にはそれほど関心がない方もいらっしゃるかもしれません。動物の好き嫌い、得手不得手にかかわらず、動物、特に人間社会に深く関わっている使役動物や愛玩動物などについては、みんなで考えなければならない問題だと思います。

本書が、どうすれば動物と人間がお互いに恩恵を与え合いながら共生できるかを考える一助になれば幸いです。そして、できるだけ多くの人が動物の存在に慣れ親しみ、動物に好意を持ってくれたらと願っています。

本書の執筆にあたっては、右記『愛玩動物』連載中より、公益社団法人日本愛玩動物協会常務理事で当時機関誌編集委員長だった大島誠之助先生にご教示いただきました。平成二四年の動物愛護法改正を踏まえ、大幅な加筆と出版の遅れを余儀なくされましたが、その分、改正の趣旨や課題も盛り込んだ内容とすることができました。大成出版社の山本真氏にもご支援いただいたものであり、この場を借りて感謝申し上げます。

平成二六年一月

弁護士　浅野明子

法令の省略について

動物愛護法：「動物の愛護及び管理に関する法律」
外来生物法：「特定外来生物による生態系等に係る被害の防止に関する法律」
種の保存法：「絶滅のおそれのある野生動植物の種の保存に関する法律」
鳥獣保護法：「鳥獣の保護及び狩猟の適正化に関する法律」
廃掃法：「廃棄物の処理及び清掃に関する法律」
区分所有法：「建物の区分所有等に関する法律」
動物愛護法施行令：「動物の愛護及び管理に関する法律施行令」
動物愛護法施行規則：「動物の愛護及び管理に関する法律施行規則」
家庭動物基準：「家庭動物等の飼養及び保管に関する基準」
展示動物基準：「展示動物の飼養及び保管に関する基準」
実験動物基準：「実験動物の飼養及び保管並びに苦痛の軽減に関する基準」
産業動物基準：「産業動物の飼養及び保管に関する基準」
取扱業者細目：「第一種動物取扱業者が遵守すべき動物の管理の方法等の細目」
所有明示の措置：「動物が自己の所有に係るものであることを明らかにするための措置について」

目次

CONTENTS

イラスト　山田　まや
デザイン　トロア企画

第1章　飼う前に知っておきたいペットとの暮らし

Ｑ１　マンションでペットを飼いたい

〜マンションでのペット飼育〜

Ｑ　マンションでペットと暮らしています。このマンションではペット飼育が許されていたのですが、管理規約の変更でペット飼育が禁止されてしまいました。どうすればよいでしょうか？

Ａ　過去の裁判例では、従前ペット飼育が許されていたマンションで、飼育者（あなたの立場）の同意なく変更された飼育禁止の規約が有効と判断されました。現在においても同様の判断がされるかはわかりませんが、マンションに住み続ける以上、飼育が許されるようマンション住民の理解を求めていくしかありません。

自分のマンションでも自由に飼えない

本来、マンションの所有者（区分所有者といいます）は、専有部分を自由に使用できます（バルコニー、廊下などは共有部分です）。

しかし、一棟に多数の人が住むマンションでは、お互い快適に暮らすことができるように、ある程度の制約があります。

通称マンション法と呼ばれる区分所有法では、マンションの所有者、利用者は、区分所有者の「共同の利益に反する行為」をしてはならないと定められています（同法第六条一項、三項）。

「共同の利益に反する行為」の具体的な内容は、通常マンションの管理規約で定められていますから、このようなペット飼育禁止への変更については、当然、規約変更の手続きが必要になります。

規約変更の決議は、区分所有者および議決権の各四分の三以上の賛成が必要です（過半数より厳しいので特別決議と呼ばれます）。また、変更が「一部の区分所有者の権利に特別の影響を及ぼすべきとき」は、その住民の承諾を得なければならないとされています（同法第三一条一項）。

ということは、ペット飼育不可への変更は、飼育住民の権利に「特別の影響を及ぼすべきとき」といえそうです。

裁判所の〝からい〟判断

しかし、平成六年、東京高等裁判所判決では、本件のような規約変更は「特別の影響を及ぼすべきとき」にあたらず、当該飼育住民の承諾のない変更も有効とされました。その理由として、①動物飼育は、一般に他の区分所有者に有形無形の影響を及ぼすおそれがあること、②ペットは盲導犬等とは異なり、飼い主の日常生活に不可欠といえないこと、③しつけの程度も千

差万別で、動物の行動や生態、習性が他の入居者の不快感を招くおそれがあること、④認容できる飼育の範囲を限定するのが難しいことなどがあげられています（そのほか、建物が動物飼育を考慮した構造になっていないことも事情としてあげられました）。

最近のペット事情が後押し。ペット飼育に理解を求めよう

この裁判例を前提にすると、規約に違反して飼育を続けていると、たとえ他人に迷惑をかけていなくても、訴訟に発展すれば、飼育禁止の判決が出る可能性が高いといえそうです。

しかし、現在では、ペットを家族の一員と考える人が増え、ペットに対する社会の意識も変化してきています。マンション永住者も増加しており、ペットを飼いたいなら一戸建てに住めばよいではないか、ともいえない社会状況です。一般社団法人ペットフード協会の調べによると、平成二四年度全国犬猫飼育頭数合計は二一二八万二〇〇〇匹と、一五歳未満の子どもの数（平成二四年四月一日現在で一六六五万人）より多いのです。

東京都も平成六年に、「集合住宅における動物飼養モデル規程」を作成しました。国土交通省も平成九年（当時は建設省）に「中高層共同住宅標準管理規約」を改正した際、ペットを飼えるような配慮をしています（最終改正は平成二三年七月）。ペット同居型のマンションも増え、飼育を前提としたルール作りが少しずつ進んできているといえます。

これら近年の事情から考えると、具体的な被害もないのに全面的に飼育を禁止するという規約への変更は、今後は、合理性がないとして認められない方向へいくことが期待されます。

日本ではまだまだペットは迷惑な存在とみられる向きも

とはいえ、日本の住宅事情では、いまだに「外国人・子どもお断り」という賃貸アパートすら多く、まして動物となると、まだまだ社会的許容度が低いという一面もあります。また、ご質問のように、今まで飼育が許されていたのに禁止されたという背景には、飼い主のモラルが低い、飼育ルールを守らない人が多いなど、他の住民の反感を買うような事情があったのかもしれません。訴訟になれば、ケースバイケースですから、飼い主と他のマンション住民との過去の紛争など、個々の具体的事情が結果を大きく左右します。

適切な飼育方法や衛生管理に努め、マナーやルールを守ることは当然ですが（統計上、苦情ワースト3は犬の吠え声）、まず何よりも、動物が苦手だったり、怖いと思っている人がいることを理解しましょう。

住民の理解を得るために

飼い主同士で駐輪場の整理やゴミ拾いなどを積極的に行ったり、管理組合の理事に立候補することにより、周囲の理解を得て条件付き飼育を認めさせた例もあります。有名無実化した組合で理事長一人に任せきりにしてしまい、その理事長が動物嫌いなために、他の住民の積極的な反対はないのにペット飼育が許されないという話もまま聞きます。マンションの管理について自主的に取り組む気持ちで、他の住民の理解を得る努力をしながら動物嫌いの理事長が退任するのを待つという手もあるでしょう。いずれにしても、住民の理解を得ることに尽きるといえます。当初ペット飼育が許されていたのなら、他にもペットを飼っている人もいるはずです。他の住民の理解と協力を得て、規約の変更、あるいはせめて現在飼っているペット一代限りの許可を求めてみてください。

Q2 アパートでペットを飼ってもいいの？
～アパートでのペット飼育～

Q 賃貸アパートを経営しています。賃借人の一人にペット飼育を許すと、いつの間にかペットが増えていたり、他の賃借人とトラブルが起こったりしそうで悩んでいます。飼育を許すとして、どのような場合に契約違反を理由に解除できますか？

A 飼育の許可条件を決めておきましょう。飼育ペットを特定し、飼育方法や敷金額など、気になることはあらかじめ取り決めておきます。契約中、賃借人の飼育方法が悪く、部屋の使用方法に問題が生じ、賃貸人との信頼関係を破壊しているといえれば契約解除ができます。

ペットを特定し、許可する条件を明確にしておく

ペット飼育を認める場合には、無制限に「飼育可」とするのではなく、飼育数や種類、飼育方法などについて、ある程度ルールを作っておきましょう。不安があれば、貸す前にどういうペットか直接確認してから決めればよいでしょう。賃貸借契約書の中でも、ペットの名前、種類、雌雄の別など何らかの方法で許可するペットを特定し、条件も明確に定めておきます。他のペットを飼う場合は事前に許可を求めなければならないとしておくと、その都度話もできるのでおすすめです。敷金は通常の物件より一カ月分くらい余分にとる例が多いですね。

近隣や隣室から苦情がきた場合には誠実に対応することや、ペットが物を破損した場合は早めに申告することなどを盛り込んでおくのもいいでしょう。

こうすればペット飼育を許可したとしても、それは「特定の賃借人に対する特定のペットだけ」ということが明らかで、他の賃借人から「自分も勝手に飼っていいと思った」などといわれることはないはずです。

他の部屋の賃借人との関係にも配慮が必要

また、ペットが苦手な他の賃借人への配慮も必要です。都心など住宅密集地では、ある程度の生活騒音はお互いさまで我慢せざるを得ません。しかし、社会生活上、通常我慢せざるを得ない限度（「受忍限度」といいます）を超えている場合（たとえば、ペットの鳴き声が並はずれてうるさく、それが早朝深夜、長期間に及ぶのに飼い主が何ら改善しないような場合）、他の賃借人からクレームがあるのに賃貸人が何ら対処しなかったら、その賃借人に対する賃貸人としての義務に違反するおそれがあります。

賃貸人は賃借人に対して、用途（居住用かどうか）

などに応じ平穏な生活を過ごせる部屋を提供する義務があります。賃貸人としては、ペットの飼い主である賃借人に話をして問題行動をなくしてもらう、あるいは防音工事を行うなどの対応が必要となります。

もちろん、これらは、多くの住人がペットを飼っているペット可のアパートであっても同じことです。

契約解除が認められる用法遵守義務違反とは

ペット飼育について特に決まりのない木造住宅で、賃借人が一〇年近く飼育猫八〜一〇匹のほか、野良猫にも餌を与え、不衛生な状態にして、近所から苦情が出ていたケースで、用法遵守義務違反を理由に契約の解除が認められています（昭和六二年東京地判）。

このように通常許容される限度を超えた飼い方、不誠実な対応などにより賃貸人との信頼関係が破壊されたといえる場合は、賃貸人は、用法遵守義務（居住用の住宅という性質に従った使用方法をしなければならない賃借人の義務）の違反を理由に契約を解除することができます。

とはいえ、賃借人に契約違反の行為があればすぐに賃貸借契約を解除できるわけではありません。ペット飼育不可なのにペットを飼ったり、あるいは約束以外の動物を飼ったとしても、それだけではなかなか解除は認められません。

賃貸人としては、他からクレームがきたときに対応し、繰り返し何度も改善を求めるなどの事実を積みあげていくことが必要となります。

増えて欲しいペット飼育可のアパート

近年新築マンションの多くがペット飼育可になったとはいえ、多くはペットの種類や頭数などの制限付き、しかも分譲マンションの話です。マンション自体がペット飼育可でも、分譲後のオーナー（所有者）が自室を他人に貸す場合は、やはりペット飼育不可にすることが多いのが現状です。マナーやルールを設定した上で、積極的にペットも飼えるような賃貸物件が増えてほしいと思います。

苦情の多い鳴き声とふん尿、抜け毛のトラブルは、飼い主がきちんと世話をしてペットのストレスをなくすことでずいぶん改善されます。賃借人側も、十分な散歩や世話ができるかよく考えて自分の生活に合ったペットを選ぶことが大切でしょう。

Q３　マンションでの野良猫への餌やり
～集合住宅での野良猫への餌やり～

Q　マンション敷地内で、住民に認められた地域猫活動をしています。マンション住民で猫嫌いの人からとがめられることがあるのですが、いけないのでしょうか？

A　適切な地域猫活動といえれば問題ありません。ただし、マンションなどの集合住宅は管理規約の問題があるので、マンション敷地内で行う以上、今後、地域猫活動自体が禁止にならないようマンション住民の理解を得ながら行うことが必要です。

マンションには管理規約がある

マンションなどの集合住宅には区分所有法が適用されます。そのため、区分所有者全員で構成される管理組合で建物や敷地などについての管理規約を定めており、この規約に違反しないようにしなければなりません。つまり、マンションでは集合的な契約があるというわけです。この契約である規約に違反しないようにする必要があります。この点が、一戸建て住居の住民同士の紛争などと異なる点です。しかし、実際に猫の世話の仕方の是非を考えるときの基準、考え方はほぼ同じです。

動物飼育が禁止されているタウンハウス（洋風長屋のような形をした集合住宅）において、管理組合と住民それぞれが原告（訴えた側）となり、野良猫に餌やりをしていた被告（訴えられた側）に対して、差し止め（飼育禁止）と不法行為責任（損害賠償）を求めた裁判で、平成二二年、東京地方裁判所（立川支部）は、原告らの請求を認める判決を出しました。この内容をみていきましょう。

管理組合からの飼育禁止請求と損害賠償請求について

被告は、すべて野良猫である（したがって猫を飼育していない）と主張したのですが、判決では猫を次の三つに分け、被告の主張をしりぞけました。

①屋内で餌やりをしている猫一匹→被告の飼い猫

②屋外で餌やりをしている猫のうち四匹→段ボールなどの住み家まで提供し、すでに飼い猫の域に達している

③その他に餌やりをしている猫→飼育の程度に達していない野良猫

その上で、それぞれの世話の仕方がタウンハウスの管理規約に違反するとしました。①②の飼い猫への餌

やりの方法は「他の居住者に迷惑を及ぼすおそれのある」動物飼育を禁止した管理規約に、③の野良猫への餌やりの方法は、迷惑行為を禁止した規約に、それぞれ違反していると評価したのです。

そして、タウンハウスの敷地内および被告専有部分内で①②③の猫に餌を与えてはならないと命じました。損害については弁護士費用の一部（原告により各六〇〇〇円～二万六〇〇〇〇円）を認めました。

住民個人からの人格権侵害に基づく飼育禁止請求と損害賠償請求について

住民は、個人の人格権侵害に基づく請求も行いました。裁判所は、右記②③の猫への餌やりについて、ふん尿、ゴミの散乱、毛の飛散、騒音、物品の破損、猫除けの設備の破損などの被害があり、被告は、野良猫に餌やりを行えば、それらの猫はその場所に居ついてしまうことを知っていたのに、再三の申し入れを拒否し、管理組合の総会のほとんどを欠席し（地域性に鑑み、一戸建て住宅以上に話し合いが求められるのです）、餌やりの活動を継続したこと、その程度が、社会生活を送る上でお互い通常我慢せざるを得ない限度（受忍限度）を超える違法なもので、住民らの人格権を侵害したと評価して、敷地内での飼育禁止と慰謝料（被告宅との距離に応じ、原告により各三万円～一三万円）、弁護士費用の一部（三〇万円）の支払いを命じました。

なお、①②の猫を飼い猫とすると、飼い猫への餌やり禁止は動物愛護法第四四条二項*に反するのではないかという疑問が出てくるのですが、これに対して裁判所は、敷地内および被告専有部分内での禁止に限定しているから問題ないとしています。

また、被告は、一部の猫に不妊去勢措置もしており、地域猫だという主張もしましたが、判決は、被告には地域猫活動の要点についての理解不足により、至らない点が多々あると断じました。右記のような餌やりの態様では、とても地域猫活動とはいえないと評価されたわけです。

"ペット公害" 一般の違法性について

犬猫の悪臭や騒音など、いわゆるペット公害と呼ばれるこれらの問題については、それが違法かどうか（受忍限度を超えるか）を判断する際、加害者がどのような対応（改善や工夫）をしたかが重要なポイントとなります。

右記事案では、被告自ら話し合いを拒絶し、被告に理解を示す住民がいなかったことも、被告にとって大きなマイナスだったといえるでしょう。

最近では、住民間のトラブルや飼育崩壊を防ぐなどの視点から、条例で犬猫の飼育数を制限する自治体も増えてきました（詳しくはQ６をご参照ください）。この点も注意が必要です。

＊動物愛護法第四四条二項（ただし、平成二四年改正の現行法）

「愛護動物に対し、みだりに、給餌若しくは給水をやめ、酷使し、又はその健康及び安全を保持することが困難な場所に拘束することにより衰弱させること、自己の飼養し、又は保管する愛護動物であって疾病にかかり、又は負傷したものの適切な保護を行わないこと、排せつ物の堆積した施設又は他の愛護動物の死体が放置された施設であって自己の管理するものにおいて飼養し、又は保管することその他の虐待を行った者は、百万円以下の罰金に処する。」

column 1

マンションを借りている人の飼育～アパートとマンションの違い～

通常、管理規約のないアパートでは、ペット飼育の問題は、あくまで、アパートの所有者（通常、所有者＝賃貸人ですが、所有者から賃借している人がさらに転貸することもあり）である賃貸人と賃貸借契約を締結している賃借人との間で、どう約束しているのか？といういわば個人的な問題です。しかし、管理規約のあるマンションではそうはいきません。

では、管理規約でペット飼育が禁止されているマンションの一室を、ペット飼育可で賃貸した場合はどうなるのでしょうか？

ペット飼育が許されないことになれば、結局賃借人はマンションを退去することになります。

通常、賃貸人が自分の責任で賃借人との契約を解消して退去してもらいます。しかし賃貸人が対応しないなどの場合は、管理組合として、共同の利益に反する行為にあたるとして占有者（賃借人）に直接部屋の引渡請求の訴えを起こすことができます。

本来、占有者である賃借人にも管理規約を守るべき義務があります（区分所有法第四六条二項）。この裏返しとして、賃貸人は、賃貸借契約締結時に管理規約を賃借人に知らせておく必要があります。

国交省が定めている「マンション標準管理規約」では、居住者は、専有部分を第三者（賃借人）に貸与する場合、管理規約および使用細則を第三者（賃借人）に遵守させせなければならないこと、遵守する旨の誓約書を管理組合に提出させせなければならないこととなっています。ですから、多くのマンションでは通常このような規約が入っていると思われます。

column 2

猫の世話の仕方も規定されています～家庭動物基準～

動物愛護法は動物に関する一般的な法律、いわば動物の基本法です。動物愛護法第七条一項は、動物の所有者または占有者（動物を事実上支配する者）（以下「飼い主」）は、動物が命あるものであることを十分自覚して、①適正に飼養（飼育）、保管することで、動物自身の健康と安全を保持する責任、②動物が原因で、他人の生命、身体、財産に害を加えたり、生活環境に支障を生じさせたり、他人に迷惑をかけたりしないようにする責任があると定めています。また、終生飼養（飼ったなら一生涯飼育しましょうという義務）や、適正飼養のための繁殖制限などについても飼い主の責務とされています。

動物愛護法を根拠に、動物の適正な飼育方法を具体的に定めた家庭動物基準では、猫の所有者等*は、病気感染の防止、事故防止等の点から、屋内飼育に努めること。猫の所有者は、屋外飼育の場合は、原則として不妊去勢することとしています。その他、動物の所有者等は、動物が、公園、道路等公共の場所や他人の土地建物等を損壊したり、ふん尿等の汚物や毛などで汚すことのないように努め、ふん尿等を適正に処理すること。飼養施設を常に清潔にして、悪臭や衛生動物の発生の防止を図り、周辺の生活環境の保全に努めること、といった義務を定めています。

これら飼い主の義務からすると、多数の猫を外で飼い、食べ残しやふん尿の片付けをしない行為は、明らかに飼い主責任に違反しています。

＊「所有者等」とは、所有者または占有者を意味し、広く飼い主を指します。

Q４ 〝餌やりさん〟と呼ばないで
～野良猫の餌やり～

Q

（Aさん）野良猫に餌をやっていたら、近所の人から、猫のふん尿などで被害を受けたと慰謝料を請求されました。

（Bさん）近所で野良猫に餌をやっている人がいます。地域猫として餌をやっている人との違いがわかりません。

A

（Aさん）猫への餌やりなどが原因で他人に損害を与えれば、飼い主でなくても慰謝料などの賠償責任を負う場合があります。

（Bさん）地域猫の活動は、その地域の野良猫に不妊去勢手術を施し、地域住民の理解を得ながら、猫たちを世話しようというものです。

猫は室内飼いが原則

平成二三年度の全国統計*（環境省）によると、行政による猫の引取り数約一四万三一九五匹のうち、子猫が七割以上の約一〇万四七八一匹に上ります。猫の収容数のうち殺処分数は約一三万一一三六匹。つまり、動物愛護センター等に持ち込まれる多くは子猫で、そのほとんどはもらい手がつかないのです。また、センター等に持ち込まれる以前に餓死したり交通事故死したり、カラスに襲われて死ぬ子猫の数も相当数に上るはずです。

このような現状から、交尾排卵（交尾の刺激で排卵する）という妊娠しやすいメカニズムの体を持つ猫については、家庭動物基準の飼い主の義務として、屋内飼養が原則とされています。もし屋外に出すなら、繁殖制限措置を施さなければなりません。

本来は、その猫をきちんと飼って、周囲に迷惑をかけないような適切な方法で餌をやるべきです。猫に餌をやるなどして世話をしている以上、それが原因で他人に迷惑をかけ、損害を与えれば、飼い主でなくても責任が発生することがあります。

どの猫による被害か特定できるの？（Aさん）

相手方があなた（Aさん）の責任を問うためには、相手方は、あなたの餌やり行為が原因で猫が増え、あなたが餌をやっている猫によるふん尿などで損害を被った、という因果関係を立証する必要があります。

ただし、餌をやっている頭数、期間、場所、その後の掃除や周囲からの苦情の有無、苦情に対する改善措置の有無などによっては、ある程度あなたに責任があると判断されることが多いのではないでしょうか。最初からお互いにいきり立つのではなく、話し合いをして納得しながら解決する道を探ることが大切です。損害があれば、責任の割合に応じて一部負担するということも考えられます。また、あなたが、今後は不妊去勢手術をした特定の猫以外には餌をあげない、交代で責任を持って掃除片付けをするのでもう少し様子を見てほしい、と相手方を説得することも必要でしょう。

野良猫に餌をやって周囲に迷惑をかけたとして損害賠償責任が認められた裁判例

自宅周辺で野良猫に餌をやっていた人に対して、隣近所にふん尿の悪臭による被害を与えたとして慰謝料（猫の餌やりに限ると被害者一人につき二〇万円）の支払いを命じた裁判例があります（平成一五年神戸地判）。

この裁判では、咬傷事故などで通常問題となる「動物の所有者・占有者責任」（民法第七一八条一項）ではなく、自分の不注意などで他人に迷惑をかけ損害を与えた（この場合は精神的損害）という通常の不法行為責任（民法第七〇九条）が問われました。

通常の不法行為責任の場合、猫の飼い主かどうかは関係ありません。猫に餌をやりっ放しで（いわば餌付けをして）、排尿排便を放置し、悪臭など不衛生な状況をつくりだした場合、その程度が、社会生活を送る上でお互い通常我慢せざるを得ない限度（「受忍限度」といいます）を超えていれば、違法性があるということになります。

自分で猫たちに餌を与えている以上、きちんと管理して周囲に迷惑を与えないようにしなければなりません。また、精神的苦痛に対する慰謝料のほか、物理的損害（たとえば、他人の敷地内で餌やりをしていて、集まった猫が敷地内の高価な置物を壊した場合の置物の価格相当額）が発生すればその支払いをしなければならないこともあります。

右記事件の背景には、隣人からの苦情に対して一切対応しなかったことや、犬の吠え声、音楽騒音といった他のトラブルもありました。餌やりによって付近の野良猫が集まり、そのふん尿により猫嫌いの人が不快感を持っていることを認識できたのに、さらに給餌を続けた行為は、受忍限度を超えて隣人の人格権を侵害する違法なものである、と判断されたのです。

この裁判例からは、猫の適切な飼育方法を守ることや、また、被害を申し入れられた際に何か改善策をとること、狭い都心で近所同士コミュニケーションをとりながら、「お互いさま」と理解を得られる範囲を探ることの大切さが読みとれます。

集合住宅に関するQ３の裁判例も参照してください。

地域猫とは？（Bさん）

野良猫をなくす、つまりは捨て猫をなくすという根本的な解決をしなければ、おおもとのトラブルは残ったままです。餌をやるから野良猫が増えるというわけでもなく、カラスやネズミなどと同様、猫はゴミをあさっても生きていけるのです。

昨今、有志ボランティアが猫に不妊去勢措置を講じた上で、地域住民の理解を得ながら、一代限りきちんと世話をすることで存在を認めてもらう、それに対して行政が一定の後ろ盾を行う、といった地域猫活動が話題になっています。

平成二四年動物愛護法改正で、「人と動物の共生する社会の実現を図ること」が立法目的の一つに加わり、「遺棄の防止」「生活環境の保全上の支障を防止」という言葉が入りました（第一条）。これに伴い、基本指針（動物愛護法第五条に基づき国が定める）にも、住宅密集地等における地域猫対策があげられています。

また、平成二五年に改正された家庭動物基準でも、飼い主のいない猫の管理方法として、不妊去勢手術、周辺住民の十分な理解の下での給餌・給水、排せつ物処理などの「地域猫対策」をあげています。

つまり、法は、立法目的を達成するには、適切な

「地域猫対策」の推進が欠かせないという視点に立っているると考えられます。

地域猫の明確な定義はありませんが、平成二二年環境省ガイドライン「住宅密集地における犬猫の適正飼養ガイドライン」では、地域猫を「地域の理解と協力を得て、地域住民の認知と合意が得られている、特定の飼い主のいない猫」とした上で、地域猫の要点につき、飼育管理者の明確性、飼育対象の猫の把握（耳の先を小さくカットする方法やピアスをつける方法などで特定する）、フードやふん尿の管理、不妊去勢手術の徹底、周辺美化など地域のルールに基づいた適切な飼育管理、これ以上数を増やさず一代限りの生を全うさせることなどとしています。地域の実情に応じた活動が予定されているといえます。

活動する人、自治会などの住民組織（マンションであれば管理組合）、行政、ノウハウを有する団体などが継続的に連携し、適切な方法で猫の世話をすることが大事です。

地域密着型の活動をもっとアピールしよう！

Aさんの場合も、まず、①猫の世話をしたり不妊去勢手術をするために捕獲する実行部隊（仲間）を集め、②餌場周辺の土地の所有者・管理者の了解をとり、③町内会やマンションの管理組合といった住民組織、④それから地域の保健所や市区役所等の動物愛護課（あるいは環境衛生課など、自治体によって名称はいろいろ）などに働きかけていってはどうでしょうか。

＊犬猫の収容・殺処分数は、負傷収容数を含むかどうかなど自治体の統計方法によっても違うため、必ずしも正確な数ではありません。全国の自治体にアンケートを行った民間団体「地球生物会議」の調査報告によると、平成二二年度の犬猫の殺処分数は二一万三六〇七四、平成二三年度は一八万三四四一四です。

column 3

地域猫活動の実際

猫をめぐる問題と地域コミュニティー

昔は野良犬の徘徊など犬の問題が多かったように思いますが、現在は、地方自治体（特に最小単位の行政である市区町村等の基礎自治体）では、猫の問題がクローズアップされているようです。

野良猫を迷惑に思う地域住民からの苦情、かわいそうに思って餌をやる住民、これらへの対応を迫られる自治体、という構図が浮かび上がります。

〝猫問題〟は〝地域コミュニティーの問題〟であるともいえ、各地で行政と地域コミュニティー（自治会など）を中心とした取り組みが模索されています。

東京都（新宿区）の取り組み例

東京都は平成一六年に「東京都動物愛護推進総合基本計画」（ハルスプラン）を策定し、「飼い主のいない猫との共生支援事業」の普及推進をはかり、各地で行政と、世話をする地域住民有志、ノウハウを有するＮＰＯなどが協力し合って地道な活動を続けてきました。平成二〇年、新宿区では「人と猫との調和のとれたまちづくり連絡協議会」を立ち上げ、区長が名誉会長を、区の保健所が事務局を、ＮＰＯ代表者が会長を務めています。区に相談がくると町内会などで説明会を行うことをすすめ、ここに協議会が出向き、地域住民の理解を得ながら地域有志が活動を行うためのノウハウを伝授します。協議会では定期的に懇談会、地域猫相談会なども開催し、猫嫌いな人、一人でも活動したいと思っている人など誰もが参加できるように工夫しています。

案ずるより産むがやすし⁉

狭い都心で土地の管理者に承諾を得て場所を確保するのは大変ではないか？と思うのですが、NPO*法人ねこだすけ代表の工藤久美子さんは、「もともとそこで野良猫への餌やりがあって問題になっているのだから、今後地域猫として管理するのであれば、むしろその場所の管理者や周辺住民の協力は得やすいですよ。」といいます。

千葉県（千葉市）の取り組み例

千葉県では、市川市、ついで船橋市が地域猫の活動を始めました。千葉市のNPO法人ねこだすけ千葉支部代表の岩切由花さんが本格的に活動し始めた平成二〇年頃、「千葉市の活動はずいぶん進んでいると思っていたら、肝心な地域猫活動の意義が伝わっていない状況だった。」そうです。行政側は、活動を〝餌やりさん〟対策と捉えてしまい、行政と地域コミュニティー（自治会など）、地域ボランティアが協働して地域の問題を解決する、という大事な視点が欠けていたそうです。岩切さんは、行政のサポートが地域猫活動には欠かせない影響を持つともいいます。千葉市は平成二三年度に、活動をしている個人や団体に対し、猫二〇〇匹をめやすに無料で不妊去勢手術をする「飼い主のいない猫の避妊去勢手術の実施」事業を行ったところ、反響は大きく、近隣の市でも活動に弾みがつき、多くの人が地域猫活動に関心や理解を持ってくれるきっかけになったといいます。岩切さんは、「地域猫活動はその名の通り地域単位での取り組みの積み重ねです。

住民の理解を得ていく方法は、住宅環境など地域の実情によって大きく異なるので、活動をきめ細かく進めていくには、やはり経験を積んだ自分たちのような第三者が必要不可欠だと思います。」といいます。

猫好きでない人もみんなで考える問題

問題の大本は、猫を捨てる飼い主にあります。野良猫はもとは捨て猫なのだという認識で、捨て猫行為（動物愛護法第四四条三項違反の犯罪です）をなくす活動とセットで行わないと、地域猫活動はうまくいきません。せっかくその地域の猫一代限りとして猫を世話しても、また外から持ち込まれては同じことの繰り返しになるからです。

地域猫活動は小さな地域単位での地道な活動ですから、ノウハウを得た人たちがてんでんばらばらに活動を始めてしまうと、都道府県や所管の環境省が状況を把握できなくなり、結果として行政の支援もなくなり、活動が先細りになるおそれもあります。都道府県が市区町村、個人レベルの活動を把握できる仕組みも必要だと思います。常に行政に関心を持ってもらう、つまり世論に関心を持ってもらう取り組みやアピールの必要性を痛感します。

地域猫の多くは〝地域猫ですよ〟という印が付けられています。猫ピアスや、最近では耳の先を三角にチョッと切る印が多いようです。

最近では、地域猫活動を地域の問題と考え、社会学の視点から研究する動きもあります（日本大学文理学部の「人とねこ研究会」―木下征彦自主ゼミナール―など）。

＊取材協力：NPO法人ねこだすけ（http://www.nekodasuke.net/）

Ｑ５　生まれた子猫あげます
～猫の贈与～

Q 知人を介して子猫をもらいました。家にきた当初から様子が変で、獣医さんに先天的な病気があるといわれました。幸い今では元気に暮らしていますが、かかった治療費などについて元の所有者（贈与者）に請求できませんか？

A 贈与者が猫の病気を知っていたような場合には、あなたは、損害（治療費）の賠償を請求できます。贈与といえども契約行為ですから、有償で行う売買契約ほどではないですが、贈与者にはそれなりの責任があります。

猫との出会いは、今でも贈与が多い

犬と違って、今でも猫は、「知り合いからもらった」というケースが多いようです。そこで、猫の贈与において何か問題が起こった場合にはどうなるのか、みていきましょう。

贈与とは、贈与者が自分の財産（ここでは猫）を無償（無料）で他人（受贈者）に与えることをいい、受贈者がこれを承諾することで成立する契約です（民法第五四九条）。

猫は「命あるもの」（動物愛護法第二条一項）ですが、法律上、物として扱われますから、贈与や売買などの契約の対象物となります。

贈与と売買の違い

売買は、売り主が商品（猫）を渡し、その対価として買い主が代金を支払うという有償（有料）性、対価性を持った契約なので、商品（猫）に問題があれば、売り主は当然、担保責任を負います。

売り主は、たとえ猫の先天的な病気を知らなかった場合でも、瑕疵担保責任を負い（瑕疵とはキズのことで、法律上の欠陥を意味します）、買い主が契約を有効だと信じたことで被った損害（健康な猫との差額など）を賠償しなければなりません。

また、瑕疵担保責任においては、契約をした目的が達成できない場合は、買い主は契約を解除することができます。買い主は、猫が死んでしまえば売買をした意味がなくなりますから、売買契約を解除して代金を返してもらうこともできるのです。

もらった猫が病気だった場合は、何もいえないの？

これに対して、無償の契約である贈与の場合、贈与者には原則としてこのような担保責任はありません。

しかし、例外的に、贈与者が、物の暇疵などを知っていたのに、受贈者にそれを知らせなかった場合は責任を負います（民法第五五一条一項但し書き）。

つまり、贈与者が猫の病気を知っていたような場合には、あなたは損害（治療費）の賠償を請求できるのです。

家にきたときから一見して様子が変だったということであれば、贈与者が事前に先天的な（生まれつきの）障害に気づいていた可能性が高いでしょう。また、贈与者がうそをついて贈与した場合（先天的な病気を隠して健康な子猫だといったり、雑種なのに血統書付きの猫だといった場合）、うそを信じ込ませて贈与したということで詐欺にあたりますから、あなたは詐欺を理由に契約を取り消す（キャンセルする）ことができます（民法第九六条）。

書面を取り交わすと、約束を反故《ほご》にできなくなる！

友人と「今度生まれた子猫をもらう」という約束をしていたのに、友人が生まれた子猫をほかの人にあげてしまった、というケースを考えてみましょう。

贈与契約は口頭（口約束）でも成立します（売買契約も同様です）。ですから、この段階ですでに条件（子猫が生まれたらという条件）付きの贈与契約が成立していたといえます。にもかかわらず、約束を守らなかった――、これが売買であれば、当然、契約上の義務を履行しなかったとして債務不履行に基づく損害賠償請求という話になります。しかし、贈与の場合、書面によらない契約（約束）であれば各当事者はこれを撤回することができます（民法第五五〇条）。

つまり、口約束に過ぎなければ、現実に履行（猫の受け渡し）が終わるまでは、贈与者が「やっぱりあげない」、逆に受贈者が「やっぱりいらない」といって、約束を反故にしても構わないということです。ですから、絶対にもらいたい場合は、約束を書面にしておきましょう。書面にしておくと、撤回することはできません。そして、どうせなら、気になる点を取り決めておくこともおすすめします（引き取ってすぐ先天性の病気がわかった場合は、ほかの猫をもらえるとか、治療費は折半にするなど）。

Q6 "犬猫屋敷"と呼ばないで
～多頭飼育～

Q ペットの飼育数に規制はないのですか? だいたい一家族で何匹(頭)くらいが適正な飼育数といえるのでしょうか?

A 条例などで例外的に頭数規制をしている場合や第二種動物取扱業の場合を除き、一般的には規制はありません。動物愛護法は飼い主に「適正飼養義務」を課していますから、要は、一家族で適正な飼育ができるのは何匹程度なのかということです。ペットの種類や性質、飼い主の飼育能力によって差がありますが、成犬(猫)で通常二～三匹程度ではないでしょうか。

自治体の条例による例外的な規制について

公衆衛生目的で定められている「化製場等に関する法律」を受けた各自治体の条例で、知事の指定区域にされると、一定数以上の牛・馬・豚・羊・山羊・鶏・犬等の飼育には知事の許可が必要となります。たとえば東京都では、一部の区域で、牛なら一頭、鶏なら一〇〇羽、犬なら一〇匹まで、などと規制され、それを超えると許可が必要です。

ペット条例*で規制（届出）をしている自治体もあります。たとえば、三〇〇匹以上の犬を飼育して周辺住民とトラブルになった事例を抱える山梨県では、県動物愛護条例により、犬猫合計一〇匹以上の飼育には届出が必要とされ、定期的な立入調査が行われることになっています。

同様に、長野県でも犬猫合計一〇匹以上の場合、佐賀県では犬猫合計六匹以上の場合、それぞれ届出が必要です（いずれも生後九一日未満の子犬や子猫は除きます）。

「適正飼養」を確保するには適正な飼育数にする必要がある

動物愛護法により、飼い主には動物の適正飼養義務が課されています（動物愛護法第七条）。この飼い主義務は、①当該動物自体の健康、安全を守るため、②当該動物が他人に危害や迷惑を及ぼすことがないように、という視点から定められたものです。

これを受けて、家庭動物基準では、飼育数は適正な数にとどめることが明記されています。

では、適正な飼育数はどれくらいなのでしょうか？

動物愛護法の趣旨から考えれば、すべてのペットが一生涯にわたって飼い主から適切な世話と愛情を受け、飼い主が周囲に迷惑をかけずに管理できる範囲の数ということになります。

具体的には、ペットの種類や性質、大きさ（種類ごとの習性や特徴も）などのペット側の事情と、家の広さや世話にさける時間、飼育経験の程度、問題が起こったときに対処できる経済的余裕（最低限でも、定期的に獣医師にかかる費用やペットを預けたりする費用が出せるか）などの飼い主側の事情とを照らし合わせながら考えます。

多頭のイメージは？

一般家庭における〝多頭〟のイメージとして、三〇〇匹は論外ですが、参考に、犬の吠え声がうるさいなど迷惑飼育で飼い主に責任が認められた裁判例をみてみますと…。都心部での小型犬を含め数匹のケース（五～六匹くらいでしょうか）、中型犬一匹のケース、大型犬五匹のケースなどがあります。これらは、直接多頭飼育に関する裁判例ではありませんが、少なくとも都心の住宅事情では、一家庭で大型犬五匹は多頭飼育にあたるというイメージがあるのではないでしょうか。

一般家庭での飼育数については、人間は腕が二本なので抱きかかえられる数（つまり一人につき二匹まで）という考え方や、犬は特に人になつくので、一人一匹として家族の人数までに抑えるべきという考え方もあります。どれもそれなりにもっともだと思いますが、一時的に犬猫を保護せざるを得ないケースや子犬・子猫が生まれる場合もあり、一概に決めるのは難しいと思います。

子犬・子猫に関していえば、たとえば子犬の最後のワクチン接種がすむ生後四カ月程度までは、他の犬と接触させない方がいいとされてきた従来の考え方も、最近では子犬・子猫の社会化を考え、むしろ早い時期から親兄弟だけでなく他のペットや家族以外の人とも接触させた方がいいという考え方に変わってきています。こういった意味からも、子犬・子猫が生まれてから新しい飼い主にもらわれていくまでという一時的なケースでは、多頭飼育もやむを得ないでしょう。

子犬や子猫は除いて二、三匹？

筆者の私見としては、犬の場合ですが、やはり家族の人数と同数（小さな子どもは数に入れない）程度が限界ではないかと考えます。つまり、現代の住宅事情や核家族といった家族構成から考えて、せいぜい二～三匹程度でしょうか。「えっ⁉少なすぎ‼」と思う方も多いでしょう。筆者にはオスの柴犬やテリア種（多頭飼いが難しい犬種といわれています）を飼ってきた経験から多少の偏見もあるかもしれませんが、裁判所での雰囲気をみると中型犬を二匹も飼っていればもう立派な愛犬家とみられる向きもあるので、あながち少なすぎということもないと思います。

もちろん、闘争本能の少ない種類や、親子のメス同士、不妊去勢措置済みといった要素が加われば、もう少し多くてもいいかもしれません。

飼育崩壊を防ぐために

これからペットを飼おうと思っている方、あるいは二匹目を考えている方は、平成二三年環境省発行のパンフレット『もっと飼いたい？』（筆者も作成に関与しました）も一度ご覧ください。

飼育数を一匹から二匹へ増やすときの壁は越え難いようなのですが、二匹以上飼育すると、もう一匹、もう一匹となぜか増えてしまいがちです。多頭飼育が増える背景には、チワワやトイ・プードルなど超小型犬といわれるような犬種の人気で、何匹でも飼いやすいと思ってしまうこともあるのかもしれません。

地震や火事のとき、自分に何かあったとき、飼い主責任を果たせるのかを考えてください。

一般の飼い主で犬や猫を自分の許容量以上に集めてしまい、「適正飼養」の限界を超えると、ペットのストレス増大、健康や衛生面の悪化、騒音や悪臭による近隣への迷惑、ついには経済状態の破綻から精神的にも問題を抱えてしまうことがあります。

いったんこのような飼育崩壊が起きると、日本の法制度上は飼い主の所有権が強力なので、なかなか有効な解決手段がなく、周囲の関係者が地道に協力して事態を改善していくしかありません。こういう実情を知り、飼育崩壊を事前に予防することを考えていきましょう。

なお、平成二四年動物愛護法改正により、都道府県知事は、多数の動物の飼養または保管が適正でないことが原因で動物が衰弱する等の虐待を受けるおそれがある場合、飼養者に対して、事態改善のための勧告や命令ができることになりました（動物愛護法第二五条三項）。

10頭以上で第二種動物取扱業の届出が必要になることも

平成二四年動物愛護法改正により、非営利であっても、「飼養施設」（人の居住部分と明確に区分できる場合に限られます）を設置して動物取扱業（①譲渡《ゆずりわた》し、②保管、③貸出し、④訓練、⑤展示）を行う者は第二種動物取扱業として都道府県知事へ届け出ることが義務付けられました（動物愛護法第二四条の二以下）。届出違反や虚偽の届出には罰金刑（三〇万円以下）が科されることもあります。

ただし、一定数以上の飼育に限られ、大型動物や特定動物なら合計三頭以上、犬や猫、ウサギなどの中型動物なら合計一〇頭以上、ネズミなどの小型動物なら五〇頭以上です。そのほか、行政による引取りや別法に基づき動物を取扱う場合（災害時のシェルター、警察・自衛隊・愛護センター等が行う職務の場合）も除外されます。

愛護団体から一時的な預かりを頼まれている場合でも、「飼養施設」があり、規制数を超えていれば第二種動物取扱業にあたります。たとえば、妊娠中の母猫を保護して子猫を産んだため、一時的に一〇頭を超えた場合も原則からいうと届出が必要となります。

飼育方法について定めた「第二種動物取扱業者が遵守すべき動物の管理の方法等の細目」もあります。

＊平成二四年動物愛護法改正により、地方公共団体は、条例で多頭飼育者に対する届出制度を定められることが明記されました（動物愛護法第九条）。今後は各地の条例で多頭飼育の届出制が進むことも予想されます。

Q7 カメやミニブタだってペット
～エキゾチックペットや家畜動物の飼育～

Q カメの遺棄が話題になったことがありますが、珍しいペットの扱いで犬猫と違う問題はありますか？　ミニブタなど家畜をペットにする場合はどうですか？

A カメなどのは虫類も人に飼われていれば、またミニブタなどの家畜は無条件で、動物愛護法の保護対象ですから、ペットを捨てるのは動物愛護法で禁止する遺棄行為です。珍しい動物の遺棄は、人への危害のおそれや生態系かく乱などの点からも問題があります。家畜動物は、伝染病の届出義務や死んだら特定の施設で処分する点などが犬猫と異なります。

飼育が許されているエキゾチックペットかの確認を！

犬猫以外の珍しいペットを指すいわゆるエキゾチックペットの中には、法律や条例で、飼育規制されている動物がいます。飼育前に、まず法令上飼育が許されているかを確認してください。外国産であれば、外来生物法や種の保存法で飼育が禁止されていないか、国内動物でも鳥獣保護法に違反していないか、動物愛護法上の「特定動物」ではないか。ペットショップで購入する場合でも、曖昧な点があればあらかじめ役所に問い合わせてみることをおすすめします。許可制の場合、飼育の許可（継続）申請手数料も必要です。

エキゾチックペットの飼育は大変

よく飼育されている種類のウサギやハムスターはともかく、外国産の珍しい動物の多くは野生動物で、人間に触れられること、見られること自体をストレスに感じます。生態や病気などもよくわかっていませんから、いったん病気になれば治療法はほとんどないでしょう。

中でも、ワニガメなどの特定動物＊（動物愛護法第二六条以下）の飼育は、動物園などの保護研究機関を除き、飼育能力と緊急時・災害時の対策によほど自信と覚悟のある人しか飼育できないというべきです。

エキゾチックペットを適切に診療できる獣医師は大変少ないことも念頭に置いてください。それでも飼うと決めたら、終生飼養義務を果たし（動物愛護法第七条四項）、絶対逃がさないようにしてください。

ペットの飼育方法について定めた家庭動物基準には、特に家畜化されていない野生動物については、飼育の困難さや人への危害のおそれなどから、本来限定的であるべきで、飼う前に慎重に検討すること、逃げた場合に生態系に与える影響の大きさを考慮し、飼い主としての責任の重大さを十分自覚すべきことが規定されています。

家畜動物って？

次に、家畜についてですが、「家畜」を辞書で引くと「人間が生活に役立てるために飼育する動物。牛・馬・鶏・羊・豚・犬など。」のように書かれています。

家畜はペット（愛玩動物）に対応する言葉として使われることが多いので、愛護目的ではなく、経済活動の目的のために飼育する動物（産業動物）と理解するとわかりやすいでしょう。

「家畜伝染病予防法」および同法施行令では、牛・馬・豚・めん羊・山羊・鶏・あひる・うずらのほか、いのしし・水牛・蜜蜂・鹿・きじ・だちょうなどの動物を対象としています。ここでは、これらの動物を家畜として話をすすめます。

“ミニ”ブタといっても小さくない！

ペットとして飼われているミニブタの多くは、ベトナム原産の小型のブタを改良したポットベリーピッグといわれています。分類上はもちろん豚で、通常二〇〇kg以上といわれる食用豚に比べて「ミニ」というにすぎません。体重は二〇kg～八〇kgといわれていますが、一〇〇kg近くなることもあります（八〇kg級といえば犬で最大のセントバーナードくらいあります）。

ブタは清潔好きで、トイレやケージ、リード、しつけの仕方などが犬に似ているし、何よりかわいい、ということでつい飼ってみたくなる人が多いのかもしれません。しかしブタは家畜としての歴史は長いですが、ペットとしての歴史は浅いため、フード一つとっても適切な質を確保するのは大変です。犬のために作られたドッグフードや、数カ月程度の肥育を前提とした養豚用の餌では、およそ一五年前後といわれる寿命を健康に過ごさせることは困難です。実験用のミニブタ用フードも、閉鎖空間で飼育する実験施設とでは住環境が大きく異なりますから、この点をよく考慮して研究する必要があります。

　病気になっても一般の動物病院での治療が難しい反面、後述するように、特定の病気になった場合の規制があるため、家畜動物にもペットにも対応できる獣医師を見つけておくことは必須です。以前、鳥インフルエンザが騒がれたとき、動物愛護センター等にペットの鳥の引き取りを求める飼い主が増えたことがありました（犬猫以外は原則として行政に引き取り義務はありません）。このようなことにならないよう、よく考えてから飼ってください。

家畜動物固有の飼い主義務

(1)「家畜伝染病予防法」の目的は、家畜の伝染病などの予防、拡大防止による畜産振興です。家畜の多くは食品と密接（あるいは食品そのもの）なので、特に公衆衛生上の配慮が働きます。

　この法律により、家畜の所有者には、毎年一回自治体への定期的な報告義務が課されています。ブタの場合、六頭未満の飼育であれば、飼育数の報告だけですが、六頭を超えると飼養衛生管理基準**の実施状況なども報告しなければなりません。

(2)「家畜伝染病予防法」により、飼い主には、特定の病気にかかった場合の届出義務があります。

　ブタが関係する疾病としては、牛疫、口蹄疫、狂犬病、豚コレラなど一一種類が規定されています（平成二四年八月一日現在）。これらの疾病にかかったか、その疑いがあるなどの場合、獣医師の診察を受けていれば、各都道府県知事（家畜保健衛生所など）への届出義務は獣医師に課されますが、かかっていなければ、飼い主に届出義務があります（違反には三年以下の懲役または一〇〇万円以下の罰金刑が科されます）。すでに死亡していても届出が必要です。

これらの疾病のうち口蹄疫、豚コレラなどは、と殺義務があります。ほかの病気でも殺処分を命じられることがあります。病気の疑いがある場合の隔離義務や、自分のペットが病気でなくてもこれらの伝染病が発生した場合の移動禁止措置などもあります。

そのほかにも獣医師が届出義務を課される伝染性疾病もあります。

実際の飼い主の義務としては、様子がおかしい場合には獣医師の診断を受けることです。ふだんから家畜の扱いに慣れた獣医師に健康診断をお願いしておくと安心です。

(3)　また、検疫義務があります。

検疫は、船舶または航空機を介して国内に伝染性の疾病の病原体が侵入しないように検疫所で人や物の検査をし、必要な措置を行うことです。ブタを海外から輸入（海外旅行から連れ帰る場合も輸入）・輸出（海外旅行に連れて行く場合も輸出）する場合は、「家畜伝染病予防法」に基づく検疫が必要です。必要書類も多々あり、特に帰れなくなると困りますから、海外旅行の際には輸入手続きの準備は入念にしてください。

ちなみに犬は「家畜伝染病予防法」のほか、「狂犬病予防法」による検疫が必要です。

(4)　「化製場等に関する法律」とこれを受けた各自治体の条例により、知事の指定区域内（主に市街地）で一定の施設を設置して一定数以上を飼育する場合は、飼養申請の届出が必要です（この規制は犬の場合もあります）。具体的な規制は自治体ごとに異なります。口蹄疫や高病原性鳥インフルエンザの発生などを受け、家畜についての規制は厳しくなる一方ですので、判断に迷ったら自治体の担当課に相談してください。

(5)　「化製場等に関する法律」により、死体処理は都道府県知事の許可を受けた死亡獣畜取扱場で行わなければならず、飼い主が勝手に火葬・埋葬してはいけません。ブタのほか、牛・馬・めん羊・山羊も同様です。

ペット火葬場で死亡獣畜取扱場の許可を取っているところもあるので、あらかじめ探しておくとよいでしょう。

これに対して、犬猫の埋葬方法は法規制がありません。（Q34参照）

ペットに対する飼い主責任も

飼い主（所有者・占有者）としてペット一般に関する法令も守らなければなりません。飼い主であっても、虐待等をすれば処罰されますし、遺棄も同様です（動物愛護法第四四条）。

動物愛護法や家庭動物基準などによる飼い主としての終生飼養、健康安全の保持、繁殖制限、所有者明示の義務などもあります。

他方で、震災時や迷い子になったときなど緊急時に、犬猫のように行政による保護規定がないことも知っておいてください。そうであっても、ペットが原因で他人や他人のペットに危害を加えたり、病気をうつしてしまったりすれば、ペット一般の飼い主としての刑事・民事の法的責任を問われます。ですから、ペットの命を守り、周囲に迷惑を与えないといった飼い主責任を全うするには、犬猫に比べて、相当の覚悟と努力が必要です。

＊ワニガメと同じカミツキガメ科でも、カミツキガメは特定外来生物です。

＊＊家畜ごとの「飼養衛生管理基準」は、家畜伝染病予防法施行規則に記載されています。

＊＊＊感染症が発生した場所から一定範囲内の特定の家畜の移動禁止などの措置。

Q8 ペットショップで買うときに

～ペットの購入～

Q 店で買った子犬が病気ですぐに死んでしまいました。かかった治療費や子犬の代金の返還などを店に請求できますか？買うときはどのような点に注意したらよいか、また、通信販売についても教えてください。

A 先天的な病気や、店で感染した病気が原因で死亡したといえるような場合には、売買契約を解除して代金を返してもらえます。治療費については、売り主に過失があるかなどによります。契約時には必ず契約書を取り交わしましょう。

ネットなど通信販売の場合でも同様です。

店頭で選んで購入した場合（特定物売買）

以下、先天的あるいは店で感染した病気などが原因であるという前提で説明します。

店頭でペットを選んで買った場合、特定物の売買となります。商品の個性に注目した特定物売買には〝代わり〟という概念がないので、売り主（店）は商品に瑕疵（キズ。法律上の欠陥を意味します）があっても、もともと〝その物〟を渡せば売り主としての債務（契約上の義務）を果たしたことになります。しかし、売買の有償性を考えればそれではひどいだろうということで、法が特別に売り主責任を規定しました。それが瑕疵担保責任（民法第五七〇条）と呼ばれる売り主の無過失責任で、買い主が契約時にわからなかった瑕疵を知ったときから一年間、売り主はこの責任を負います。

瑕疵担保責任の追及により、買い主は、契約目的が達成できない場合、契約を解除して代金を返してもらうことができます（本件では犬が死んでいるので、犬を飼うという目的が達成できないことになります）。瑕疵がそれほどでない場合は、損害賠償の請求のみできるのですが、ここでいう賠償は、値引き程度を想定していると思われ、治療費を払ってもらえるかは明確ではありません。あらためて店側の過失をもとに債務不履行責任（民法第四一五条）や不法行為責任（民法第七〇九条）を考えていく必要があります。

選んで購入していない場合（不特定物売買）

これに対して、特に選んで買ったわけではない場合（柴犬のオスなら何でもいいとして複数いる中から買った場合など）、不特定物の売買となり、売り主の瑕疵担保責任は問えません。〝代わり〟のある不特定物売買の場合、売り主にはもともと〝中等レベルの物〟を渡す債務があるので、キズがあるなら代わりの物を渡せ（または、それに相当する金額を賠償せよ）ということになるからです。したがって、この場合は瑕疵担保責任ではなく、債務不履行責任の追及により、店側に過失がないといえない限り（通常いえない）、あなたは子犬の代金（または代わりの子犬）のほか、治療費も払ってもらえることになります。

ショップの見極め方

何だかおかしな話ですね。でも残念ながら日本にはペットなど動物の売買を想定した法律は特になく、「ペット＝物」という法理論に従うと、このように処理せざるを得ないのです。買う前に、きちんとした店かどうかを見極めるしかありません。最低限、店頭で動物取扱業の標識が掲示されていることや、動物の扱われ方や清掃状況、店員の知識などをチェックします。店が売りっ放しではなく、今後の付き合いも考慮しているかもポイントでしょう。

ショップの販売時の説明義務

平成二四年動物愛護法改正により、犬猫のみならず、すべての哺乳類、鳥類、は虫類について、販売時の対面説明と現物確認が義務付けられました（ただし、第一種動物取扱業者間の販売は除きます）（動物愛護法第二一条の四）。

買い主に説明しなければならない事項は、一八項目に及びます。品種等の名称、性成熟時の標準体重等、人獣共通感染症、みだりな繁殖を制限するための措置、病歴、ワクチン接種状況、親および同腹子の遺伝性疾患の発生状況、繁殖者名や登録番号などです。

消費者保護の観点から、病気の予防やトレーサビリティの確保をするためです。

通信販売の場合も同様です。動物取扱業の登録や登録内容の掲示も必要ですし、通信販売自体はできるものの、店頭販売同様、対面説明と現物確認が義務付けられました。

このような法令を守っているかも重要なポイントです。

Ｑ９も参照してください。

ブリーダーでの購入

幼齢の子犬・子猫の販売は、感染性のある病気の発生や社会化の機会の喪失といった点から望ましくないと考えられます。子犬・子猫が長く店頭などにいる事態を避けられ、身体的・精神的ダメージを受けるのが少なくて済むという点からは、ブリーダーの所へ直接出かけて購入するのもおすすめです。良いブリーダーかどうかの見極めは、店頭販売や通信販売よりも確認しやすいと思います。この場合も、できれば衝動買いは避けたいですね。

契約書の確認と、買った後のメモ書きを習慣づけよう

売買契約は口頭（口約束）でも成立します。しかし、トラブル防止のため、どのような形態で買うにせよ契約書は必ず交わしましょう。特にトラブル発生時の対応についてはよく確認し、疑問があれば質問し、その内容を手書きでもいいので契約書に加えてもらいます。なお、売り主の全面的な免責の記載（「いかなる場合にも損害賠償には応じない」など）は、消費者契約法により無効です。

購入直後はペットをよく観察し、獣医師や店とのやり取りを記録に残しておきます。ただ、生き物の売買という特性上、ある程度のトラブルは起こり得ます。買うときにはよく考え、飼う以上は、命を引き受けるという覚悟が必要です。

Q9 〝動物取扱業者〟って？
〜登録制の第一種動物取扱業者〜

Q 動物取扱業者に対する規制は厳しくなっていると聞きます。近所で個人的にペットのシッターを副職にしている人がいますが、そのような人でも登録が必要ですか？

A 動物の販売、保管、貸出し、訓練、展示、競り、ホームなどを営むには登録が必要です。動物愛護法改正の度に規制は厳しくなっており、今後もその傾向が続くでしょう。

ご近所の方もペットの保管業として第一種動物取扱業者の登録が必要です。第一種動物取扱業者は、施設、動物保管方法等の基準を遵守しなければならず、悪質な業者に対しては、登録取消しなどの処分もあります。

改正の度に規制が厳しくなる動物取扱業

動物取扱業*については、動物愛護法が平成一一年に全面的に改正される以前は規制はありませんでした（当時の名称は「動物の保護及び管理に関する法律」）。平成一一年改正で届出制となりましたが、形式的な内容を役所に届ければよいというものにすぎませんでした。

平成一七年の動物愛護法改正で、厳しい登録制となり、施設を持たないペットのシッターなども含まれました。業種や事業所ごとに、その地を管轄する都道府県知事等に、施設の構造や業務内容など所定の事項を登録しないと仕事ができません。

平成二四年の同法改正で、さらに、終生飼養原則（第七条四項）、幼齢の犬猫の健康という観点から規制が強化され、特に犬猫の販売業者は、繁殖も行うかどうかや、犬猫の健康安全保持のための体制、販売できない犬猫をどうするかといった計画（「犬猫等健康安全計画」といいます）を策定し、提出しなければなりません（動物愛護法第一〇条）。いったん登録されても幼齢の犬猫の健康安全、犬猫の終生飼養について不適切な内容になった場合は、登録取消し、営業停止になることもあります（第一九条四項）。個体に対する帳簿の作成も義務付けられました（第二一条の六）。帳簿には、個体情報、繁殖者名、販売先、死亡原因など一二項目を記載した上で販売事務所に五年間保管、毎年一回の都道府県知事への定期報告をしなければなりません。

また、登録は五年ごとの更新が必要です。取扱業者は、事業所ごとに、行政の動物取扱責任者研修を受けた動物取扱責任者を常駐させる必要があります。飼養施設や動物の管理方法などに関する基準（動物愛護法施行規則、管理細目、展示動物基準など）も守らなければなりません。

登録の対象となる七業種

登録の対象となる動物の種類は、哺乳類、鳥類、は虫類に属するもののうち、畜産動物（産業用動物）と実験動物を除いた動物です。対象となる業種は、動物愛護法第一〇条による、動物の①販売（取次ぎや代理も含む）、②保管、③貸出し、④訓練、⑤展示のほか、動物愛護法施行令（政令）による⑥競り業（いわゆるオークション事業）、⑦譲り受けて飼養する事業（いわゆる老犬・老猫ホームなど）の全部で七種です。

①の販売は、店頭販売のほか、通信販売、卸売り、販売目的の繁殖・輸入なども含まれます。②の保管は、トリマーなどの美容業（動物を預かる場合）、ペットホテル、ペットのシッター（動物を預かる場合も、出張する場合も）などです。③の貸出しは、愛玩用あるいは撮影、繁殖用などでレンタルする場合です。④の訓練は、訓練施設で預かる場合のほか、出張訓練も含まれます。⑤の展示は、動物園、水族館などのほか、移動動物園や乗馬施設、ふれあいを目的とするアニマルセラピーなども含まれます。

⑥の競り業は、動物の売買をしようとする者のあっせんを、会場を設けて競りの方法により行うことをいいます。日本のペット販売は、ペットショップなどの販売業者が、オークションなど競りの会場でブリーダーから子犬や子猫を仕入れて店頭販売する形態が多いので、このような競り業を登録制とすることで、トレーサビリティーの確保や動物愛護法の趣旨を末端まで浸透させようというものです。

⑦のいわゆる老犬・老猫ホームは、動物を譲り受けてその飼養を行うことをいいます。もちろん犬猫に限りません。当該動物を譲り渡した者（元の飼い主）が将来の飼育費用の全部または一部を負担する場合に限ります。また、動物の所有権が移らない場合は、②の保管業ということになります。

これら①～⑦は、いずれも規模の大小、有償・無償の別を問わず、反復継続する営利目的の場合を広く含みますので、ほぼすべての動物関係の仕事が動物取扱業に入るのではないかと思います。

取扱業者の善《よ》し悪《あ》しを見分けるポイント

第一種動物取扱業者の登録制は、消費者にとり、事業者の信用性を判断する上で、大変有益といえます。法律や基準を守っている事業者であれば、それだけ長く誠実に商売をやろうと思っていると考えられ、トラブルにもきちんと対応してくれるはずだからです。

取扱業者には事業所ごとに登録番号や動物取扱責任者名などを書いた標識や名札を掲示する義務があるので、店頭（あるいはインターネット、チラシ案内などでも）で、登録の有無を確認できます。不審に思ったら、自治体の動物愛護センターなど動物取扱業の担当部署に問い合わせ、登録の有無や内容を調査することができます（登録すると第一種動物取扱業者登録簿に掲載されます）。

犬猫の繁殖業者は、出生後五六日を経過しない犬猫を、販売業者にであれ消費者にであれ、引渡したり展示することが禁止されています（平成二四年改正動物愛護法第二二条の五）。

なお、経過措置としてこの「五六日」は改正法施行後三年間（平成二八年八月まで）は「四五日」とされ、その後（平成三〇年八月頃まで）別に法律で定められる日までの間は「四九日」と読み替えることになっています（動物愛護法附則）。

ですから、あまりにも幼齢なペットを販売していれば基準を守っていないことがわかります。また、店は購入者にその動物の適正な飼養方法を知らせるため、動物の飼育情報、個体の情報、一定の遺伝性疾患などについて知りうる情報などを文書で説明し、説明を受けた旨の署名をもらうことになっています。店員がそういった知識を持っているかどうかからも、善し悪しは確認できます。施設の適切な広さや空間の確保、一日一回以上の清掃の実施義務などもありますから、店の広さや衛生状態からもある程度わかるはずです。

消費者も登録制度の趣旨を理解しよう

このように販売に際し、いちいち書面で説明をするのが煩雑であることは間違いなく、いきおい、事業者だけでなく消費者自身もそのような手間を嫌がる傾向にあります。しかし、ペット業界全体の質の向上という面からは、消費者も客という意識だけでなく、生き物を扱うという自覚を持ち、お互いが慎重に取引を行うことが必要です。

動物愛護法はあくまで人間に関する法律ではありますが、扱われる動物の身になった適切な運用がなされてほしいものです。細かい基準等は今後も改正される可能性が高い分野です。特にペット関連の仕事をしている方は最新ニュースをチェックしてください。

＊平成二四年動物愛護法改正により、従前の取扱業は「第一種動物取扱業者」という名称に変更されました。新設された「第二種動物取扱業者」は、「第一種動物取扱業者」以外の者で、飼養施設を設置して一定数以上の動物を扱う取扱業（業種は第一種の①販売が譲渡《ゆずりわた》しになるほか、⑥競りあっせん、⑦譲受飼養を除き、第一種と同じ）で、登録制より規制の緩い届出制です。一定規模以上の動物愛護団体などが「第二種」として新たに規制を受けることになります。

「第二種動物取扱業者」については、Q6も参照してください。

column 4

問題の多いインターネット販売

昨今、特にインターネットによる通信販売が急増していましたが、生体販売はトラブルも多く好ましいものではありませんでした。便利で比較的安価な反面、ペットや店の状態が確認できないという大きなデメリットがあるからです。

また、輸送（多くは航空貨物便）によるペットへの負担から健康面でのトラブルも生じやすく、事業者との連絡もとりづらいので、問題が起きた場合の解決は困難です。

独立行政法人国民生活センターは、二〇一二年二月、「ペットのインターネット取引にみるトラブル」を公表しています。それによると、インターネット販売やインターネットオークションでのペットの購入は徐々に増え、それと連動してトラブル件数も増え、トラブル内容としては、「病気だった」「すぐに死んでしまった」「イメージと違う」「ペットや血統書が届かない」などがみられ、事業者に連絡しようにも「実在しない住所で、登録番号も違っていた」など悪質なケースもあると報告されています。

平成二四年動物愛護法改正により、犬猫等哺乳類、鳥類、は虫類の販売には、現物確認と対面説明が義務付けられました（動物愛護法第二一条の四）。そのため、ネットや電話などの通信手段のみでのペット販売はできなくなりました。

生き物をネットで購入すること自体に問題があるという認識が重要です。

Q10 育ちすぎ!?

～ペット購入トラブル・予想外に大きくなった～

Q ペットショップで、超小型犬のカニーンヘン・ダックスフンドを購入しました。予想外に大きくなり、ミニチュアどころかスタンダードに近い大きさに思われます。店に何かいえないでしょうか?

A 店がカニーンヘンではないのに偽って、あるいは断定的にそう思いこませて販売したような場合は、契約の取り消しなどにより代金を返してもらうことが可能です。店が必要な説明義務を怠った場合も損害賠償請求が可能です。ただ、よほど程度がひどくなければ請求は難しいでしょう。

店がうそをいった場合、断定的な説明をしていた場合

店が血統書を偽って販売したような場合は、契約の取り消しや損害賠償請求が可能です。公益社団法人ジャパンケネルクラブや繁殖者を通して血統書の確認（親犬のサイズや品種）を試みます（実際は難しいことが多いと思いますが）。専門家に、骨格や胸囲などから明らかにカニーンヘンではないという意見をもらうことも考えられます。この場合の損害は、血統書のない相場との差額や、サイズが大きいために被った（あるいは今後被る）費用などが考えられます。たとえば、余分にかかる餌代などが考えられます。

また、店が断定的な説明をしていた場合、たとえば、「マンションの規約で飼育規制があるから五kgを超えない犬」というあなたの要望に対し、店側が「決して五kgより大きくならない。せいぜい二kg」と断言していたならば、不実告知、断定的判断の提供として、消費者契約法（第四条一項）により契約を取り消すことができると考えられます（あなたの食べさせすぎなどで超肥満になっているといった事情があれば別です）。ただし、契約を取り消すと、代金の返還を受けるのと引き換えに犬も返さなければなりません。

店の説明義務

店は販売時に、その動物の品種等の名称、性成熟時の標準体重・標準体長その他の体の大きさに係る情報を説明する義務があります（動物愛護法第二一条一項、動物愛護法施行規則第八条）。購入者はこのような説明を受け、確認の署名もするはずです。このような説明がされていなければ、法令違反です。

説明書に書かれている標準体重とどれくらい違っていますか？契約書も確認しましょう。サイズが断定的に書かれていますか？「個体差による」と書かれてい

てその範囲内といえますか？これらの説明とあまりにも違っていれば、店の説明義務違反を理由に債務不履行（民法第四一五条）として、契約の解除や、被った損害の賠償を請求できることがあります。

健康面のトラブルの場合

先天性の病気が後からわかったような場合は、店の過失（注意義務違反）の有無にかかわらず契約の解除や損害賠償請求ができます（瑕疵担保責任。民法第五七〇条）。しかし、本件のように、単にサイズが説明と違うというだけで「瑕疵」（欠陥という意味）といえるかは難しいと思います。

あらかじめ契約書を取り交わそう

ペットの購入トラブルは多いのですが、民法には特に生き物の売買を想定した規定はなく、すっきりした解決策はないのが現状です。生き物なのである程度やむを得ない面もありますが、そこにつけ込む悪質な事業者もいます。

その点、トラブル時の対応を定めた契約書を交わしておけば、契約内容が法律に優先して適用されますから、双方にとって最善です（ただし「店はいかなる場合も責任を負わない。」など、消費者契約法に反する内容は無効です）。「どのような犬か？」「どのような場合に、どの範囲で、いつまで店が責任を負うのか？」「特別な事情とそれに対する手当ては何か？」、こういったことを確認しておきましょう。

飼う側の覚悟として

ペット購入の際は、個体差があることを覚悟しましょう。昨今、超小型化を求める傾向がありますが、無理な小型化は健康面でも問題です。サイズにこだわるなら、ブリーダーで、両親のサイズを確認してから直接購入する方法もあります。

column 5

書面の書き方は難しくない！

大事なことを誰かと約束する場合、後で「言った」「言わない」の水掛け論にならないためには、書面にしておくのが確実です。書面の書き方は特に書式が決まったもの（遺言書など）でない限り、書式や言葉の言い回しにこだわる必要はまったくありません。当事者と作成年月日、署名があればいいのです。それよりも、内容をしっかりと理解してから署名するように気をつけましょう。

署名は、自署（手書き）および押印（基本的には三文判でよい。印がなければ拇印という方法もあり）が基本ですが、押印があれば記名（ワープロ書きなど）でも構いません。タイトルは「合意書」くらいで十分です。なくても問題ありません。できれば同じ書面を二通作り、二通作ったと記載し、一通ずつ双方で保管しましょう。

相手から一方的に約束してもらう場合は、「覚書」「念書」などと書き、「〇〇さんへ」と誰に対する文書かわかるように書いてもらいます。

示談書（合意書）を交わす場合に、相手の示す書面に意味のわからない条項があったら、「これはこういう意味ですね？」と確認し、確認した内容を追加記載してもらいましょう。契約書だから難しい専門用語が並んでいるはず、と思うのは危険です。わかるように説明してもらい、わかるような形で書いてもらいましょう。

ただし、問題が解決していないのに署名を急がせるなど何か不審に思う場合は、署名前に弁護士に相談することをおすすめします。

第2章　ペットとの生活をめぐる問題

Q11 散歩中の落とし物は持ち帰りましょう！

～散歩中のふん尿の放置～

Q **散歩中にふんを持ち帰らない飼い主がいます。注意しても知らん顔。大型犬のおしっこも気になります。どうしたらいいでしょうか？責任追及の方法はありませんか？**

A まずは近所の人と協力して、掲示をしたり、注意するなどマナーの啓発活動から始めます。

効果がなく、悪質な場合は、警察に被害届を出すことや告訴を行うことも検討します。相手が特定できるなら、証拠を集めて裁判所に調停の申し立て（話し合い）や、場合によっては訴訟提起をすることなども考えられます。

ふん尿放置は程度によっては犯罪

軽犯罪法第一条二七号は、「公共の利益に反してみだりにごみ、鳥獣の死体その他の汚物又は廃物を棄てた者」は拘留（一日以上三〇日未満、身柄を拘置する刑罰）または科料（一〇〇〇円以上一万円未満の罰金）に処すると規定しています。飼い犬の散歩中、約二年間にわたりほぼ毎日のようにふんを放置した飼い主がこの罪に問われたケースがあるそうです（処分結果不明）。

程度がひどい場合は、廃掃法第一六条の「何人も、みだりに廃棄物を捨ててはならない。」にあたり、五年以下の懲役もしくは一〇〇〇万円以下の罰金もしくはこれらの併科（両方の刑罰を併せて科すること）という重い犯罪になることもあります。

朝日新聞の記事（平成二一年）によると、飼い犬（グレイハウンド）の死体を公共の場所（公園）で燃やした飼い主らがこの罪に問われました（処分結果不明）。

また、嫌がらせで猫のふんを隣家敷地に投げ込んでいた男性がこの罪に問われたケースもあります（ただし、起訴猶予）。

軽犯罪法は昭和二三年制定の古い法律で、文字どおり軽い犯罪行為について定めた法律です。昭和四五年に制定された廃掃法は、頻繁に改正されており、昨今の不法投棄や有害化学物質による健康被害といった問題からも、今後ますます注目され活用される法律だと思います。

条例があれば自治体は動いてくれやすい

全国で適用される法律ではなく、当該自治体だけで適用される条例に、何か有効な規定が存在する場合もあります。たとえば、ふん害防止条例（呼称や内容はさまざま）については、都道府県だけでなく、市区町村レベルの自治体で設定しているところも相当数あります。そのような自治体であれば、警察も動いてくれやすいでしょう。

まずやることは《ふん尿の処理》

こまめに他の犬のふん尿の痕を洗い流すなどして臭いを消し、さらなる被害を防止する工夫が必要です。いったん臭いがつくと他の犬もしますし、どの痕が誰によるものかなどの特定も困難になるからです。

保健所で配布しているプレート、あるいはお手製の立て看板や貼り紙などで注意を促します。看板や貼り紙の設置には、管理者の承諾をもらっておきましょう。自宅の塀や敷地内であればもちろん構いません。

ふんを放置する人を見かけたら、段階的に厳しく接するのがよいと思います。まずやんわりとウンチ袋を渡す。たとえば、「落ちましたよ」などと声をかけながら、責めないような口調で。それでダメなら、はっきりと注意する、というように。というのは、通常の人であれば気づかれていると思えば次からは止めますし、他方、悪質な人の場合、下手に注意すると侮辱されたと思いこみ、嫌がらせに出る人もいるからです。

電柱へのおしっこは難しい問題

理想は家でふん尿をさせてから散歩を、といいますが、それもなかなか難しく、また、ふんと違って持ち帰るのも困難なおしっこの後始末は難しい問題です。おしっこの後始末にあまり神経質になるのもどうかと思う反面、自宅前が犬のマーキング場所になっていていつも臭うというのも深刻な問題です。

飼い主としては、特に人家が密集している都心部の場合には、公共の電柱などであっても、特に大型犬など尿量の多い場合や、人家の玄関先である場合、ペットボトルの水を持ち歩き、水で洗い流すといった配慮が必要です。ただ、水で流すというのも、あまりにも量が多かったり、道が傾斜していたりすると、かえって水が他人の敷地に流れ込むおそれもあるので、注意が必要です。

次にやることは《記録作り》

看板や掃除などによっても被害が収まらず、むしろエスカレートするといった場合は、次の段階に進むため、記録を作り始めます。

被害の実態を写真やメモなどの方法で時系列に沿って記録化します。相手とのやりとりや近所の人の話などもまとめておきます。

こういった作業を、町内会やマンションの管理組合、保健所、市区役所の担当窓口、警察などに相談しながら、近所の人と一緒に分担して行えると理想的です。

被害がエスカレートする場合の対応

証拠を持って警察に行き、刑事事件として被害届や告訴を行います。警察がどうしても動かなければ、民事事件として簡易裁判所に民事調停（話し合い）を申し立てる、話し合いが難しそうなら簡易裁判所（または地方裁判所）に訴訟を提起することが考えられます（たとえば庭木が枯れた損害、精神的な苦痛を被った慰謝料請求など）。Q３「マンションでの野良猫への餌やり」で紹介しましたが、野良猫への餌やり行為により、ふん尿などによる悪臭などの被害が社会生活において通常我慢せざるを得ない「受忍限度」を超える違法なものだとされ、被害者一人につき二〇万円の慰謝料が認められた裁判例があります。

ポイントは、客観的なデータを基に、できるだけ近所の有志が集まって複数で行うことです。

なお、警察に被害を訴える場合は、必ずしも加害者を特定できなくても大丈夫です。他方、自分で裁判所に持ち込む民事事件の場合は、加害者の住所と氏名を特定できなければなりません。

Q12
犬に咬まれた！
〜咬傷事故・被害が深刻なケース〜

Q 近所の河川敷で大型犬を放し、他の犬や人を咬んでも知らん顔の飼い主がいます。一度警察沙汰になったのですが、注意だけで終わったと聞きました。そういう場合、被害を受けた飼い主が直接警察や裁判所に訴えることはできないのですか？

A 他人や他人のペットに危害を加えた場合、傷害罪や器物損壊罪などにあたることがあります。警察が動かない場合、被害者が直接警察に被害を訴える方法があります（告訴といいます）。民事事件として被害者が加害ペットの飼い主を裁判所に訴え、損害賠償を求める方法もあります。

刑事事件として裁判になるのは重大・悪質なケースに限られる

野犬による被害は減りましたが、それでも咬傷事故は毎年全国で相当数報告されています。平成二二年度の統計*では、咬傷事故は四三八三件。そのうち、被害者の状況としては「通行中の事故」（二〇五三件）がもっとも多く、犬の状況としては、けい留して散歩中（一一一四件）のほか「放し飼い」（一一五七件）もかなりあります。そのほか、敷地内における「配達・訪問時の事故」（七四二件）も目立ちます。

人間に大けがをさせたとか、わざと咬みつかせたといった悪質なケース以外は、刑事事件になることはほとんどありません。過去の裁判例としては、飼い犬（ドーベルマン）をけしかけて他人にけがを負わせた男性が、傷害罪で懲役六カ月の実刑と罰金刑を受けた事例があります（昭和五七年横浜地判）。

多くのケースでは民事事件として加害者と被害者双方が当事者同士で話し合い、謝罪と被害弁償をして終わりということになります。話し合いがこじれて裁判所で争われることもそう多くはありません。それぞれみていきましょう。

加害者の特定が大事

咬まれたらまず加害ペットの飼い主（加害者）を特定します。

実は、この飼い主の特定が実務では重要な第一歩であるにもかかわらず意外と難しいのです。自動車のひき逃げ事故では車のタイヤ痕から加害車両を割り出すといった話もありますが、咬傷事故の場合、特に遠方からたまたま犬を遊ばせにきていた飼い主の場合、どこの誰だか特定するのは困難です。刑事事件の場合は「被疑者不詳」で告訴もできますが、民事事件では加害者を特定できなければ訴えることもできません。

何はともあれ自分とペットの体が大事。治療が最優先ではありますが、可能なら加害者に病院についてきてもらう、名刺だけでももらうなどしましょう。周囲の人も協力して、複数で動くことが有益です。その場で警察を呼ぶことも決して大げさな対応ではありません。

加害ペットの飼い主の民事責任

病院で治療を受け、診断書や治療費の領収証などの証拠はとっておきます。後遺症そのほかの損害が確定したら（通院費用や休業損害、場合によってはクリーニング代など）、加害者に支払いを請求します。精神的な損害に対する慰謝料についても、ケースによっては考えられます。治療が長引くようなら、途中で経過を報告したり、場合によっては内金として一部支払ってもらうことも考えます。

最終的にいくら支払ってもらうかを話し合う際には、あなたの過失（加害者の制止にかかわらず、あなたから犬に近づいたとか、事故の原因がお互いのペットの制御ミスにある場合など）も考慮して金額を決めるべきでしょう。訴訟になれば、被害者であるあなたの過失が問われて請求額が減ることもあるからです（過失相殺）。たとえば、事故の原因に対して被害者にも落ち度があり、三割分を被害者の過失として相殺し、損害額の七割だけ払ってもらえるという具合です。

話し合いがこじれれば訴訟ということも

このような話し合いによる合意（示談）がうまくいかないと、いずれかが地方裁判所（請求金額によっては簡易裁判所）に訴えることになります。通常は被害者から損害賠償請求として起こすのですが、逆に加害者からそのように支払う義務はないとして、債務不存在確認訴訟を起こすこともあります。

裁判では、事故の原因、被害の実態、その損害を加害者に負担させることが相当か？といった点をさらに吟味して判決を出します。咬傷事故のケースでは、右記のような過失相殺がされることも多くあります。事故態様がよほど複雑であるとか、当事者が自分の主張に固執するといった事情がなければ、裁判の途中で話し合いをして終わることもあります（双方が互いに譲歩する「和解」）。

民事訴訟については、Q13も参照してください。

刑事責任について

悪質なケースや被害が大きい場合、刑事事件に発展することがあります。

警察による捜査→検察官による公訴提起（または起訴猶予などで終了）→刑事裁判→有罪判決（または無罪判決）→刑罰（有罪の場合）という流れです。刑事裁判には、裁判所の公判廷で行う通常の裁判（正式裁判）のほか、小さな事件の場合、公判廷で裁判を行わない略式手続き（略式裁判）もあります。

警察が動かない場合、ペットが殺された（動物愛護法上の動物殺傷・虐待罪、あるいは器物損壊罪など）、あるいは自分がけがを負わされた（傷害罪）として、警察に告訴をすることもできます。被害を報告するにとどまる被害届とは異なり、告訴は処罰を求める申し立てです。

警察は告訴を受理すると捜査しなければならないため、なかなか告訴を受理してくれないのが現状です。できるだけ客観的な証拠（目撃者の証言や加害者との会話、被害の状況がわかる写真、診断書など）を多く集めて、粘り強く処罰を求めましょう。

＊『動物愛護管理行政事務提要』（平成二三年度版環境省）

Q13
犬とお散歩中のトラブル
～お散歩中の犬同士のケンカ～

Q **公園で犬を放していたら、ロングリードの犬に咬まれ、犬と私がけがをしました。相手は、ノーリードの私に全面的に非があるといいますが、相手にも非があると思います。もし賠償金を支払ってもらえる場合、治療費以外に何を請求できますか？**

A 相手方には飼い主としての不法行為責任（動物占有者責任）が生じます。犬とあなたの治療費のほか、場合によっては慰謝料や通院による休業損害なども請求できます。ただし、ノーリードにしていたあなたにも相当の落ち度（過失）があるので、賠償額が減額されることになるでしょう。

事故が起こった場合、飼い主の責任は重い

ペットの占有者（ペットを連れた人。ここでは飼い主とします）は、ペットが他人を傷つけたり（人を咬んでけがをさせるなど）、他人の物を壊したり（人のペットにけがをさせたり、洋服を破ってしまうなど）した場合には、原則として損害賠償責任を負います。

これは民法第七一八条一項による責任で、通常の不法行為責任（民法第七〇九条）よりも重く、ペットの管理に関し自分に落ち度がなかったことを飼い主が立証できない限り、責任を免れることはできません。*

裁判例では、事故が起こった場合、飼い主に過失がないという言い分を認めたケースはほとんどなく、事実上、無過失責任に近いといえます。

本件では、あなたまでけがをしていますから、相手方には、ロングリードにしていた落ち度のほか、リードの持ち方や犬のしつけなどにも問題があったと考えられ、責任が否定されることはないでしょう。

治療費以外は払ってもらえないの？

相手方には、まず、犬の治療費とあなたの治療費を払ってもらえます。次に、けがの程度にもよりますが、慰謝料請求も可能です。厳密にいえば、あなたの慰謝料には、あなた自身のけがに対するものと、ペットのけがに対するものとが考えられます。ただ、重い後遺症が残るなど、よほど重傷の場合でもない限りペットのけがに対する慰謝料はなかなか認められませんから、通常は、あなたのけがについての慰謝料だけが問題となるでしょう。

そのほかにも、あなたが自分や犬の通院などのために会社を休んで収入が減った場合には、その損害（休業損害）も支払ってもらえます。

さらに、あなたに後遺症が残った場合には後遺症慰

謝料や、後遺症による逸失利益（後遺症がなければ、被害者が将来得られたであろう労働による利益）なども支払ってもらえる場合があります。

あなたの落ち度で賠償額は減額される（過失相殺）

不法行為による損害賠償額の認定にあたっては、損害額の公平な分担という観点から、過失相殺が行われることがあります（民法第七二二条）。

過失相殺により、被害者側にも落ち度があるときには、その事故の原因に占める割合に応じて損害賠償額が減額されます。

今回のケースでのあなたの落ち度ですが、まず、ノーリードにしていたことは大きな過失です（家庭動物基準で、犬の放し飼いの禁止、散歩は引き綱による旨が規定されており、この飼い主責任にも反していま す）。そのほかにも、あなたがいつもノーリードにしていたのか、呼んでも戻ってこない犬だったのか、相手の犬に近寄っていったときの状況など、さまざまな事情も考慮されます。

検討の結果、仮に、あなたの過失が事故の八〇パーセントの原因であると評価されれば、その分を相殺され、損害額の二〇パーセントしか支払ってもらえないということになります。

大事なことは…

事故が起こってしまったら、ノーリードでは言い訳は通じません。また、しつけをすることでたいていの事故は防ぐことができますから、しつけはしっかりしましょう。

本件とは逆に、あなたが加害者の立場になった場合、事故後はすぐに謝るなど、誠意を持って対応することが大事です。それによって、相手の被害感情も収まり、結果として賠償額（特に精神的苦痛に対する慰謝料について）も高額にならずにすむことが多いのです。

＊民法第七一八条一項
「動物の占有者は、その動物が他人に加えた損害を賠償する責任を負う。ただし、動物の種類及び性質に従い相当の注意をもってその管理をしたときは、この限りでない。」

Q14
ペットもおめかし
～トリミングの依頼～

Q 老犬を美容室にトリミングに出したら、扱いが雑で、犬がシンクで足を滑らせてけがをしてしまいました。美容室側は、老犬だから事故は仕方なかったといい、トリミング代金まで請求されています。支払わなければいけませんか？犬の治療費を請求することはできないのですか？

A トリミングが終了していなければ、代金を支払う必要はありません。トリミングが終了している場合でも、美容室側にミスがあるのですから、犬の治療費は請求でき、支払いを受けるまで、トリミング代金の支払いも拒めます。

トリミング未了であれば、まだ美容室側の代金（報酬）請求権は発生していない

ペットのトリミングを依頼する行為は、ペットの外観を整えるために毛を刈るといった仕事の完成を頼み、美容室（個人であればトリマー本人）がこれを請け負うことなので、請負契約と考えられます（民法第六三二条）。請負契約の報酬は、仕事の完成という結果に対して発生するものなので、請負人である美容室が途中でトリミングを中止したのであれば、まだ仕事は完成しておらず、報酬請求権は発生していないことになります（ただし、前払いなどの特約があればそれに従います）。

けがの程度によっても異なるでしょうが、あなたは、けがが治った後にトリミングの続きを請求することもできると考えられますし、けがにより続行不可能とみて契約を解除することもできると考えられます。

トリミング終了後でも、治療費の支払いを受けるまでは代金の支払いを拒める

これに対し、トリミングが一応終了している場合は、美容室側にはトリミング代金（報酬）の請求権が発生しています。しかし、契約の目的物に瑕疵（キズ。法律上の欠陥を意味します）がある状態といえますから、あなたは、①瑕疵を直すよう請求することも、②直すかわりにその分の損害賠償を請求することもできます。美容室提携の獣医師が責任を持って治療にあたってくれるという状況でもなければ、飼い主としては、自分で獣医師にかかるでしょうから、通常は②の治療費などの損害賠償請求を選ぶと思います。

そして、この場合、トリミング代金を支払えという美容室側の請求に対し、あなたは損害賠償請求権と「同時履行」でなければ払えないといって拒むことができます（これを「同時履行の抗弁」といいます）。

ですから、美容室から請求を受けても、治療費の支払いを受けるまではトリミング代金を支払う必要はありません。

トラブル知らずの予防策

◎「イメージと違う！」

こうならないために、イメージどおりにトリミングされたときのペットの写真や、雑誌の切り抜きなどを持っていき、あらかじめ、見せておくことをおすすめします。

◎「ドライヤーのヤケド？」「爪の切り過ぎで血がにじんでいる…」

治療が必要なほどのけがではなくても、こういう後味の悪さはよく耳にします。トリミング中の様子を窓越しに見られる美容室もありますが、実際は難しいでしょうから、終了時に、その場でペットの全身をサッとチェックしましょう（「かわいくできてますねー」などといいながら）。

後から苦情をいうと、理屈をつけて逃げられることも多く、また、美容室側にとっても対応しにくいものです。帰宅後気づいた場合は、たいしたことがなければ、今後は気をつけてもらうよう、やんわりと注意すればよいでしょう。

◎老犬は特に気をつけてあげて！

老犬は目や耳などの感覚も鈍く、足腰も弱ってきており、事故に遭いやすいものです。本来は美容室側が犬の年齢などを考慮して気をつけるべきですが、飼い主が積極的に飼い犬の状態を説明し、触られると嫌がるところ、シャンプーが嫌いなことなど伝えておきましょう（当日のご機嫌も）。トリミング前に、直接担当者と話せるといいですね。

どんなにいいお店でも、ちょっとしたミスやトラブルはつきものです。ポイントは、どうやって、「あの人はちょっとうるさいから気をつけよう」という意識と「あの人は気さくでいい人」という意識の両方を持ってもらい、「大事なお客さんだから丁寧にしよう」「何かあったら正直に話そう」と思ってもらえるかです。このようなコミュニケーションによって、ミスやトラブルの発生率もずいぶん違うようです。

Q15
ペットのシッターさんにお願い
～シッターには何をどこまで頼める？～

Q **高齢の大型犬を飼っています。時々ペットのシッターを利用していますが、シッターに投薬を頼んでもいいのか、頼んでいいとしたら、その範囲や何かあった場合の責任について教えてください。**

A 具体的にどういう世話を頼むかは、飼い主とシッターとの取り決め次第です。ただ、獣医師法に反するようなペットの治療や投薬は許されません。あくまで飼い主を手伝うという立場になるでしょう。

ペットのシッターは動物取扱業の登録が必要

ペットのシッター（以下「シッター」といいます）は、ペットの世話をする人のことです。具体的には、飼い主の自宅に赴き、ペットの餌やり、散歩、トイレの片付け、一緒におもちゃで遊んでやるなどの世話を行います。

シッターは、反復継続する事業として行う以上、必ずしも有償でなくても、動物愛護法による第一種動物取扱業者（保管業）の登録が義務付けられています。

このような義務がなかった時代（平成一一年に動物愛護法が大改正されるまで）は、便利屋さんなどがお散歩代行業を引き受けていた例が多かったのですが、平成一一年改正で届出制に、平成一七年改正で登録制へと動物取扱業の規制が厳しくなってからは、より動物に詳しい専門の仕事になったといえます。動物取扱業にはさまざまな義務や遵守すべき基準があります。依頼する場合は、登録の有無を確認しましょう。

シッターとの契約は準委任契約

シッターとの契約は、飼い主（契約上「委任者」といいます）がシッター（同じく「受任者」といいます）に対して、ペットの世話という「事実行為」を委託する準委任契約と考えられ、委任（「法律行為」を委託する契約のこと）に準じて、委任の規定が適用されます（民法第六四三条以下）。

そのため、受任者であるシッターは委任契約上の受任者が負う義務として、善良な管理者の注意義務（善管注意義務）を負います（民法第六四四条）。これは、その人の職業や社会的地位に応じて通常期待される注意義務です。受任者は、この注意義務に違反すると、契約上の債務不履行責任（主に損害賠償責任）を負います。

具体的な「善管注意義務」の内容

善管注意義務に違反しているかどうかは、個別の契約内容のほか、動物の世話のプロであるシッターに通常期待されている内容と水準に基づいて判断されます。ある面では獣医師よりも高度な注意義務（ペットの生態に精通した適切な世話など）が要求されるかもしれませんが、獣医療的な事項では、獣医師のような高度な専門的義務ではあり得ません。

最近は、ペットの介護に力点を置いたシッターもみられるようになりましたが、そのようなケースでは、契約内容として、通常よりも老齢のペット事情に詳しい知識と技術が期待されるわけですから、その分シッターの注意義務は重くなるといえます。たとえば、熱中症対策や、床ずれが起こらないようなケア、関節を痛めないような散歩のさせ方などについて、通常のシッターが見過ごしてもやむを得ない点でも、本件シッターなら結果を予見して回避できたはずだと判断されることになるでしょう。

投薬を頼めるかどうか

実はこれは難しい問題を含んでいます。当事者同士の契約内容かどうかの問題（債務不履行の問題）とは別に、獣医師法*に抵触しないかという問題があるからです。飼育動物の診療は獣医師の独占業務で、獣医師以外の者がペットの診療を業務とすることはできません。シッターも業務の一環として診断、治療、投薬、採血、注射、手術等の診療行為をすることは許されません。あくまで飼い主を補助する立場で行うべきです。

しかし、飼い主がどこまで獣医療（的）行為を行えるかについても、動物愛護法の観点からみても実は明確ではありません。

行為の程度や態様などから個別に判断するしかありませんが、基本的には、獣医師の指示に基づいて行う投薬（飲み薬、塗り薬、点眼など）に限ると考えるのが無難です。

このように、獣医師以外の者がどこまで獣医療的行為を行えるのかという難しい問題もありますが、シッターの場合、飼い主と異なり、業務として行っているとみなされれば獣医師法違反に問われるおそれがありますから、なおのこと注意する必要があります。

何かあったらシッターに責任を問えるか？

シッターが、約束どおりの投薬を怠ったためにペットの容態が悪化した場合、契約違反の責任を問うことはできると思います。しかし、依頼した行為の内容等によっては、飼い主側の落ち度も考慮されると思います。

どこまでいってもケースバイケースですが、この点を考え、飼い主側も慎重に頼むようにしてください。

シッター側も安請け合いは危険

シッター側としては、引き受ける際、ペットの状態をよく確認して、難しそうであれば引き受けないこと。もしも投薬を引き受けるならば、きちんと飲ませることができないかもしれないことをあらかじめ飼い主に伝えた上、実際に投薬するときはペットがきちんと飲み終わったか慎重に確認し（錠剤の場合、飲んだふりをして後で出してしまうペットも多い）、トラブルを防ぐことが必要です。

＊「獣医師でなければ、飼育動物（牛、馬、めん羊、山羊、豚、犬、猫、鶏、うずらその他獣医師が診療を行う必要があるものとして政令で定めるものに限る。）の診療を業務としてはならない。」（獣医師法第一七条）

違反者は二年以下の懲役、一〇〇万円以下の罰金などに処せられます（同法第二七条）。

Q16

動物園の管理人

～動物園などの施設管理者の責任～

Q **動物園で子どもがオリに手を入れて猿に引っかかれました。幸い無傷でしたが、もし大事になっていたら動物園は責任を取ってくれるのですか？「事故については一切責任を負いません」と書いてありました。**

A 動物園などの施設管理者は、施設の設置や保管に問題がありそれが原因で他人に損害を与えた場合、損害賠償責任を負います。子どもが簡単にオリに手を入れられる構造で、何の注意書きもなければ責任があるでしょう。「責任を負わない」と明示しても、それだけでは免責されません。

動物園の責任が認められた事例

動物園で、四歳の子どもが熊にお菓子をあげようと立入禁止の柵を越えて近づいたところ、柵の間から手を出した熊に引っかかれて、けがをしたというケースで、設置や管理に問題（瑕疵）があるとして動物園に責任を認めた裁判例があります。これは公立の施設だったので、国家賠償法*に基づく「公の営造物の設置又は管理に瑕疵があった」場合にあたるとされました。

このように、子どもがよく行くところで、簡単に柵を越えオリに手を入れられる構造になっていれば、このような事故が起こることは容易に予測できるはずだからです。

瑕疵の有無については、立入禁止の看板が子どもにわかりづらくないか（漢字だけで絵がない、インクが薄くて読めないなど）、展示されている動物の種類や性格に照らし必要十分な管理をしているか、近くに監視員がいるかなど、もろもろの事情から総合的に判断されます。

親の監督責任も（被害者側の過失）

ただし、子どもの事故では、親の監督義務違反を問われることが多いでしょう。その場合、過失相殺が行われることがあります。右記裁判例では、立入禁止の柵を乗り越えて四歳の子どもが熊に近づいたのに親が気づかなかったことなどを親の過失（つまり被害者側の過失）ととらえ、親の監督義務違反も原因であるとして二割の過失相殺がされました。

施設管理と一口にいっても、もちろん、施設の性質（公共性の強弱、施設管理者の関わりの程度など）によっても違いがあります。しかし、一般的に、施設管理者として、入場者の生命、身体、財産を保護する注意義務を負っていると考えられますので、当然講じなければならないような事故防止の対策をしていなければ、責任を負うことになります。

民間の施設でも同じ

民間（個人含め）運営の施設でも、「土地の工作物の設置又は保存に瑕疵がある」ことで他人に損害を与えたときは、工作物（家屋、塀、橋、電線など土地に接着して作られた設備）の所有者または占有者として、損害賠償責任を負います（民法第七一七条）。

施設に問題がない場合でも、ケースによっては動物占有者としての責任（動物園などの展示動物の所有者、占有者として負う責任）を負うことが考えられます（民法第七一八条）。

また、これら特別な不法行為責任にあたらなくても、施設管理者の過失（注意義務違反）と損害との間に相当な因果関係があるということができれば、通常の不法行為責任を負うことがあります（民法第七〇九条）。

いずれにしろ、過失の有無を判断する場合、動物愛護法や条例に基づく諸基準（展示動物基準、動物愛護法施行規則など）などの関係法令を守っていたかということは、重要な判断要素になります。

「責任を負いません」の看板だけでは免責されない

「注意！」「責任を負いません」などの看板を掲げて警告をしておくことも一つの対策とはいえますが、それだけでは不十分であることはすでに述べたとおりです。

発生した損害に対して責任がある場合（過失がある場合）に、あらかじめ一切責任を負わないと注意してあったのだから免責される、などということはありません。あくまでも、管理者が具体的にどのような注意を尽くしていたかということから過失の有無が判断されます。

＊国家賠償法第二条一項
「道路、河川その他の公の営造物の設置又は管理に瑕疵があったために他人に損害を生じたときは、国又は公共団体は、これを賠償する責に任ずる。」
＊＊民法第七〇九条（通常の不法行為責任）は、被害者が加害者の過失を立証する必要があるのに対して、不法行為責任の特則である第七一八条（動物占有者等の責任）は、加害者が自分に過失がないことを立証しないと免責されません。

Q17 ドッグランは犬が走るところ！人は走っては駄目

～ドッグランでの事故～

Q ドッグランで、飼い犬と私がよその犬に咬まれてけがをしました。その犬の飼い主からは、ドッグラン内だから仕方がないといわれ、ドッグラン設置者には、当人同士のもめ事にはノータッチといわれました。

A ドッグラン内の事故でも加害ペットの飼い主には「相当の注意」をしていたといえない限り責任がありますが、ドッグランでのノーリードは責められませんから、公道での事故に比べて被害者にやや厳しい判断になります。ドッグラン設置者の責任は、通常はハード面に問題がある場合に限られます。

公道など通常の場所での事故では、加害ペットの飼い主に厳しい責任が課される

ペットが他人や他人のペットを咬んだ場合、原則として加害ペットの飼い主が、被害者が被った損害（被害者や被害ペットの治療費、慰謝料など）を賠償する責任を負います（*民法第七一八条一項）。加害ペットの飼い主は、自分が法令上の義務など飼い主としての注意義務を守り、「相当の注意」をしていた（きちんと引き綱を付け、周囲を気遣って散歩していたなど）ことを立証しなければ免責されません。実際の裁判例ではめったに免責は認められません。被害者にも落ち度があるケース（被害ペットがノーリードだった、被害者が子どもで親の監督不足があったなど）に限り過失相殺されることがあり、賠償額がその分減額される程度です。

ドッグラン内を走った人と犬が衝突した事故で、犬の飼い主の責任を否定した裁判例

しかし、近時ドッグラン内での事故について、飼い主が「相当の注意」をしていたとして免責を認めた裁判例があります（平成一九年東京地判）。事案は、都立公園内のドッグランで、日本犬の雑種とラブラドールレトリーバー（いずれも大型犬）が遊んでいたところ、被害者が飼い犬のパピヨン（小型犬）と一緒にドッグラン中央部分を小走りで突っ切った際に、日本犬の雑種と衝突し、けがをしたというものです。

裁判所は、ドッグランは「犬を引き綱から外して、自由に走り回らせることを可能にする施設」であるから、ドッグランに立ち入る者（ここでは被害者）は、このような状態を前提として行動すべきであるとし、

他方、ドッグラン内における飼い主（この場合、加害ペットの飼い主）の注意義務は、「犬をドッグランの

雰囲気になじませてからリードを外した後は、犬が興奮して制御が利かないような状態が発生しないよう、または、そのような事態が発生したり、事故が発生したとき、直ちに対応することができるように、犬を監視すれば足りる」としました。

ノーリード・犬天国のドッグランでは被害者にも注意義務がある

右記裁判例では、民法第七一八条一項但し書きの「相当の注意」は、通常払うべき程度の注意義務を指し、異常な事態に対応できる程度の注意義務まで課したものではないとした上で、本件のように、犬が自由に走り回っている広場の中央部に人が立ち入ることは危険で異常な事態にあたるとし、このような事態を予見して飼い犬の動向を監視、制御する必要まではない、と加害ペットの飼い主責任を否定しました。

加害ペットの飼い主責任が否定されるのは非常に珍しいことですが、これは、ドッグランという特殊な場所であるため、飼い主の注意義務の程度が低く、半面、被害者側にも特殊な注意義務が課されるからといえます。ドッグランは、基本的に、人のほうが犬の生態や習性（走るものを追いかけるなど）を知った上で気をつけなければならない〝犬優先〟の場なのです。

ドッグランでの注意義務

ですから、ドッグランでの突発的な事故で飼い主が責任を負う場合は、もともと飼い主のいうことを聞かない犬であったとか、当日放す前に興奮状態だったとか、ドッグランの規則に従わなかった（メス犬の発情中とか、大型犬なのに小型犬専用スペースに入ったなど）といった場合に限られるでしょう。

もちろん、飼い主責任がないわけではありません。たとえば、アメリカン・ピット・ブル・テリアなどの闘争本能の強い犬や気性の荒いオスの大型犬などを漫然と放し注意されても知らん顔だった場合とか、犬同士のけんかといっても一方的に加害ペットがいじめている状態で飼い主が制御できなかったというような場合には、当然加害ペットの飼い主が責任を負うことになります。

ドッグラン設置者の責任

犬同士のけんかや人への咬傷事故などの場合、基本的には、被害者は加害ペットの飼い主に対して、動物占有者としての責任を追及することになります。

ドッグラン施設管理者は、ハード面で問題があった場合には責任を負う可能性があります。たとえば、柵の強度不足やネットの設置に問題があったために犬が脱走して事故が起こったなど、「土地の工作物の設置又は保存に瑕疵がある」（民法第七一七条）といえる場合です。

ソフト面での管理がいい加減だったから事故になったとして、責任を問えるケースはまれだと思います。

ただし、有料の施設でサービス内容など責任が明確になっているような場合は別です。たとえば、メンバーズオンリーの有料ドッグランで、詳細な規則やきちんとした管理体制を売りにしているにもかかわらず、規則違反を放置し、ほかの利用者からの苦情にも対応せずに事故が起こったなど特別な事情があれば、加害ペットの飼い主と連帯して不法行為責任を負うこともありえるでしょう。

＊民法第七一八条一項
「動物の占有者は、その動物が他人に加えた損害を賠償する責任を負う。ただし、動物の種類及び性質に従い相当の注意をもってその管理をしたときは、この限りでない。」

Q18
ペットフードはペットの健康を守るもの
～ペットフードの安全性～

Q **ペットフードが原因で飼い猫が病気になり、買った店に苦情をいいましたが、らちがあきません。メーカーには何もいえないのですか？　ペットフードについての法律は？**

A 店の保管方法などに原因があれば、店に責任を問うことが可能です。もともと商品自体に問題があった場合は、ＰＬ法に基づいてメーカーに責任を問うことが可能です。

ペットフード安全法があります。この法律では、犬と猫のフードについて、事業者や国に一定の責任を課し、フードの製造方法・表示・成分規格について一定の基準を設けています。

製造者（メーカー）の責任を問えるＰＬ法

店（小売店）の保管方法が悪くてフードが傷み、それが原因で猫が病気になった場合には、小売店に売り主としての債務不履行責任（損害賠償責任）を問うことが可能です。これは通常の、売買契約に基づく売り主としての契約責任を追及するというものです。

　これに対して、もともとフードに問題があった場合に、契約関係にない消費者（小売店からの買い主）からでもメーカーに対して直接責任を問えるとしたのが製造物責任法（通称ＰＬ法。平成六年成立）です。ＰＬ法では、製造物（ペットフードは、製造、加工された動産としての製造物）の欠陥により人の財産（ペットは法律上「物」なので財産）に被害が生じた場合、製造業者等（製造・加工・輸入者）は、その欠陥が当時の科学、技術によってわからなかった欠陥であると立証できない限り、責任を負います。

ＰＬ法でいう「欠陥」

ＰＬ法でいう欠陥とは、「当該製造物の特性、その通常予見される使用形態、その製造業者等が当該製造物を引き渡した時期その他の当該製造物に係る事情を考慮して、当該製造物が通常有すべき安全性を欠いていること」をいいます。

　ペットフードではありませんが、「フレキシリード」を付けた飼い犬がリードを引っ張り、反り返ってけがをしたという事案で、リードのリール（回転盤）が高速回転するとブレーキボタンを押し込むことができなくなるのは、ブレーキ装置として本来備えるべき機能を有していないとして、メーカーに対して、ＰＬ法に基づく責任を認めた裁判例があります（平成二三年名古屋高判）。

　通常毎日ペットが食べることを想定したフードを、使用法や保管方法を守って適切な状態で与えているのに病気になったのであれば欠陥といえるでしょう。

ただし、「飼い猫がこのフードを食べて病気になった」という因果関係は飼い主が立証しなければなりません。これらの証明には、医学や栄養学などの専門家の助力が必要なこともあります。複数のペットに健康被害が出たという場合でないと難しいかもしれません。

ペットフード法の成立

平成一九年、北米で、メラミン混入の輸入原材料によって製造、販売されたペットフードを食べた犬や猫が死亡するという事件がありました。日本にも一部リコール対象商品が並行輸入されていたことで問題になり、これを受けて平成二〇年、ペットフードの安全性を確保するため、ペットフード安全法*が成立しました。対象は、現在のところ、犬と猫のフードだけです（おやつやスナック、ミネラルウォーターなども含む）。

①製造方法、②表示事項、③成分の安全規格について一定の基準があり、これらの基準に適合しないフードの製造、輸入、販売は禁止されています。たとえば①は、「猫用に添加物のプロピレングリコールを用いてはならない」など。②は、（日本語による）名称・原産国名・賞味期限・原材料名・事業者（製造者、輸入者、販売者の別と住所所在地）です。③は、「かび毒であるアフラトキシンB1は上限値〇・〇二ppm**まで」などです。

ペットフード法の事業者の義務

製造者、輸入者は、営業に際して届出を要し、フードの譲り渡し先などを記載した帳簿を作成して二年間保存しなければなりません（販売するだけの小売業はあたりません）。所管の農水省、環境省関連の職員による立入検査もあります。国にはフードの安全性の情報収集などの義務がありますので、消費者が疑問を感じたら行政機関などに調査を促すことは可能です。

ペットフードに関わる仕事をするのであれば、自分が届出の必要な事業者にあたるかどうか（自家製のフードをその場で提供するドッグカフェなどはあたりません）を確認しましょう。

健康食や療法食は、動物の健康面からも、必ず獣医師の処方を得ましょう

しばしばインターネット上でペットの〝処方食〟などと呼ばれる商品が販売されていますが、本来、処方食であれば、動物医薬品にあたると考えられるので薬事法の範ちゅうとなり、インターネットでの販売は薬事法違反のおそれがあります。動物医薬品の販売には動物用医薬品販売業の許可が必要なので、獣医師であっても、販売業の許可なく、診療せずに販売だけを行うことはできないからです。

ただ、実際は〝処方食〟などと称していても、原材料や成分をみると、いわゆる健康食や療法食のようなので、これらはペットフード法の範ちゅうに入ります。

しかし、このように、単なる健康サプリメントではない、獣医師がペットの体調を診ながら出すことが予定されているような療法食の類は、ペットの健康上、必ず獣医師の診察を受けた上で出してもらいましょう。療法食の成分は犬や猫の特定の疾患に対応した、いわば偏った内容です。健康なペットや、違う疾患を持つペットにとっては療法食が健康に害を及ぼすおそれもあり、メーカーも獣医師を通した販売を予定していると考えられます。以前獣医師の診断を受けていた場合でも、定期的な診断を受けずに長期間インターネットなどで購入して与えるのは控えた方がいいでしょう。

＊「愛がん動物用飼料の安全性の確保に関する法律」
＊＊ppm：一〇〇万分のいくらであるかという、主に濃度を表すために使用される単位。

Q19

猫カフェを開きたい
～猫カフェ経営～

Q 喫茶店経営を考えています。猫好きなので、今話題の猫カフェにしたいと考えています。法律的な問題点やポイント、ドッグカフェとの違いも教えてください。

A ①お客さんの生命・身体・財産を守る、②猫の安全確保、という二つが必要です。衛生面と猫の健康維持には特に注意し、猫がお客さんに危害を加えないよう注意します。法律上は、第一種動物取扱業者（展示業）の登録が必要です。取扱業者としての基準や、展示動物に関する基準の遵守も求められます。これらは、ドッグカフェとは異なるものです。

“猫カフェ”と“ドッグカフェ”は違う

いわゆる猫カフェは、店に猫がいる喫茶店のことで、客が店の猫をのんびり眺めたり遊ばせたりして過ごす形態のものです。これに対して、いわゆるドッグカフェは、客に飼い犬の同伴を許している（あるいは推奨する）喫茶店です。どちらも法律上の言葉ではありません。衛生面などを考慮して、通常、猫カフェには客が自分のペットを持ち込むことはできません。

新規に喫茶店を開く場合には、飲食店として食品衛生法上の営業許可が必要です（窓口は保健所）。これはドッグカフェも同じです。

動物取扱業者としての登録と責任

加えて、猫カフェを経営するには、所在地の都道府県知事等に対し、店の概要を説明した図面などの必要書類を提出して第一種動物取扱業者として登録を行う必要があります（動物愛護法第一〇条以下）。店に動物を展示することになるので、動物園などと同様に展示業者となります。

店舗ごとに動物取扱責任者を配置し、客から見える場所に動物取扱業の標識を掲示します。五年ごとの更新や、登録内容に変更があった場合、廃業する場合の届出も必要です。違反すると罰則もあります。

遵守すべき基準の内容

展示業者として守らなければならない基準には、動物愛護法施行規則のほかに、管理方法細目、展示動物基準があります。

これらの基準の内容を概観すると、猫の健康面からは、十分な運動・休息・睡眠の確保、病気やけがの予防などの管理、社会化期にある場合は親子などで一緒に飼養すること、猫の習性に応じた施設を整えること（高低差のある遊び場や爪研ぎ、トイレや寝床の設置）、客との触れ合い時の監督や指導などがあげられます。
管理面からは、逸走（逃走）の防止（猫に不慣れな人が出入りしても逃げないように工夫するなど）や、緊急時の対策（災害時に必要となる頭数分のケージや予備のフード、薬などの備え）、人に危害を及ぼさないようにする対策（しつけ、ストレスを与えないような工夫や、不妊去勢措置など）が必要とされています。

また、猫の展示は午後八時から翌朝八時までの夜間はできません。平成二六年六月一日以降は、一歳以上の成猫でも午後一〇時以降は展示できません（平成二六年五月三一日までは、成猫は午後一〇時まで展示可）。

具体的な工夫のあれこれ

猫に触るのを許す場合（多くはそうでしょうが）、過度なストレスがかかり疲れた猫が客を引っかいてしまうといった事故が起きないように、定時ごとに、あるいは猫と客の様子を見ながら適宜猫を別室など客から触られない場所で休息させること、客にも、猫の触り方（前後の手洗い、キスをしないなど）や、店で許した餌以外を与えないように指導することなどが基本です。人と動物の共通感染症（ズーノーシス）を防止する対策は特に大事なことです。

店によっては、予約制・会員制にしている、猫同士の相性を考えてオス猫しか置かない（逆にメス猫中心でオスは一匹だけという店も）などの工夫をしたり、甘咬みもしないようしつけてあるという店もあります。常にスタッフの目が行き届くようにすることがポイントです。もちろん、猫ちゃんたちに対する飼い主責任もありますので、お忘れなく！

ありそうなトラブル例

①猫に驚いたお客がカップを落としやけどを負った。②猫がお客の貴重品を壊した。③ノミや病気がうつっ

た、猫に引っかかれてけがをした。

このようなトラブルは当然予想できるので、何の予防策もしないまま事故が起これば、店には重大な過失があったと評価されてしまいます。①については、缶の飲み物しか出さない、口の狭いカップを出すなどの工夫をしている店もあります。②については、鍵付きのロッカーに荷物を入れてもらう工夫例もあります。③については、頻繁に猫のブラッシングをして毛が飛ばないように気をつける、手洗い場を設けて入店時と退店時に手を洗ってもらう、消毒薬などの救急セットを用意しておくなどの配慮が必要でしょう。

衛生面には特に気を配ってください。寄生虫や食中毒など、何か問題が起これば営業停止になってしまいます。保健所の指導に従うのはもちろん、隣接飲食店からの評判も気にかけ、ふだんから良好な付き合いを心がけましょう。

咬傷事故が起こったら

「事故が起こっても責任は負いません」と書いてある店もありますが、お客がわざと猫に害を加えたとでもいえない限り、店の過失（注意義務違反）が否定（免責）されることは通常ありません。責任（損害賠償）については、被害程度と、お互いの注意義務違反の程度により、賠償額が決まります。

事故が起こったら、まず被害を拡大させないようにします。たとえば、猫がお客を引っかいてけがをさせた場合は、まず謝り、傷の手当てや猫の隔離などを行い、さらに、大事になりそうだったら近くのお医者さんに同行して傷の状態を確認しておくことも必要です。お客の方に原因がありそうなら、それを目撃したほかのお客などから証言を取っておくことも考えましょう。

Q20 ペットショップの夜間営業
～生体の展示方法・騒音規制～

Q 駅前に、夜遅くまで営業しているペットショップがあります。荷物の出し入れや犬猫の鳴き声でとてもうるさいですし、ケースの中で長時間、子犬や子猫が展示されているのもかわいそうです。夜間の営業を規制する法律などはないですか？

A 平成二四年の動物愛護法令の改正で、午後八時～午前八時の時間帯は、犬および猫の展示は行えなくなりました。違反したペットショップは、登録の取消しや営業停止などの処分を受けることがあり得ます。また騒音については条例で規制されている自治体もあります。

夜間営業の規制

従前何の規制もなかったペットショップの夜間営業ですが、平成二四年六月一日から、犬と猫の夜間の生態展示が禁止されました（動物愛護法施行規則第八条四号）。

この改正により、原則として、ペットショップなどの販売業のほか、展示業、貸出し業について、午後八時から翌朝八時までの夜間の犬猫の生体展示ができなくなりました。

夜間に犬猫を顧客と接触させたり、譲り渡し、引き渡しをすることもできません（管理細目第五条五イ）。つまり、特定の顧客に対して現物確認をさせるような場合も駄目ということです。ペットショップでは特に幼齢の犬猫を展示することが多いので、動物愛護の観点から、深夜展示による休息時間の不足や個体への重大なストレスなどを避けるためです。

ただし、猫が自由に移動できる状態で行う成猫（一歳以上）の展示施設、つまり猫カフェについては、平成二六年五月三一日まで、経過措置として午後一〇時までの展示が認められます。

犬猫以外はどうなの？

犬猫以外はこのような夜間の展示禁止はありません。ただし、犬猫以外の動物であっても販売業者が夜間（午後八時から午前八時までの間）に展示する場合には特に注意すべきこととして、「明るさの抑制等の飼養環境の管理に配慮すること」という項目が追加されました（平成二四年六月一日施行の改正管理細目第五条一ト）。

騒音防止条例などによる規制

深夜営業については騒音防止の観点から、条例で規制している自治体もあります。

東京都では環境確保条例*で、たとえば近隣商業地域や商業地域では原則として午前八時から午後八時までは六〇デシベル、午後八時から夜一一時までは五五デシベル、午後一一時から翌日午前六時までは五〇デシベルを規制基準として、何人も規制基準を超える騒音を発生させてはならないと定めています。

また、飲食店や喫茶店、売り場面積が二五〇㎡以上の小売業、あるいは材料置き場における材料の搬入、搬出その他の作業によって、これらの規制基準を超えた場合、知事による勧告に従わないと、営業や作業の停止処分を受けることもあります。

もちろん、受忍限度を超えるような騒音を出せば、通常の不法行為責任（損害賠償責任）を問われることがあります。特に昨今は住宅密集化や近所付き合いの形骸化から、隣近所の生活騒音がトラブルになる傾向があります。ブリーダーやペットショップなどの事業者だけではなく、複数飼育や屋外でペットを飼う一般の飼い主に対しても、騒音被害を訴える事例が多くなっています。騒音などのご近所トラブルと受忍限度については、Q3、Q6などを参照してください。

そのほかの取扱業の基準に違反している可能性

ペットショップの事業者は、動物愛護法による第一種動物取扱業（販売業）の登録をした上で、名称・登録番号・動物取扱責任者の氏名などの標識を店ごとに掲げるとともに、一定の設備基準や展示基準を守らなければなりません。

動物の健康や安全を保持するための基準として、給水・排水・消毒・空調設備などに不備がないことや、遮光・風雨を遮る設備があること、事業所ごとに動物取扱責任者を配置することなどが定められています。

管理細目では、長時間連続展示を行う場合、動物のストレス軽減のため、必要に応じてその途中で展示を行わない時間を設けるべきこと、顧客などが動物に接触する場合には、動物に過度なストレスがかからないよう、接触方法について指導するとともに、動物に適度な休息を与えるべきこととされています。

これらに加えて、自治体が条例で独自の基準を設けることもできます（動物愛護法第二一条二項）。

これら基準に違反すると、改善勧告や措置命令（動物愛護法第二三条）、登録の取消しや六カ月以内の業務停止命令処分（同法第一九条一項）などを受けることがあります。登録が取消されれば営業はできません。

また、展示に関する一般的な基準である展示基準では、展示動物の健康および安全保持のため、「必要な運動、休息及び睡眠を確保するとともに、健全に成長し、かつ、本来の習性が発現できるように努めること」と定められています。施設の構造についても、隠れ場・遊び場などを設けること、適切な温度・通風およびび明るさなどが保たれる構造にすることなど、きめ細かな設備基準が設けられています。

端的に虐待と考えられるケースも

今まで述べたような基準に違反している場合、さらに、動物愛護法上の犯罪行為にあたるケースもあるかもしれません。動物愛護法第四四条二項は、犬猫等の愛護動物に対し、正当な理由なく餌や水をやらずに衰弱させたり、病気やけがをしているのに適切な保護を行わないなどの虐待を行った者は一〇〇万円以下の罰金に処する旨を定めています。

＊「東京都都民の健康と安全を確保する環境に関する条例」

Q21 ペットの健康保険
～ペットに関係する保険～

Q ペットの健康保険について教えてください。そのほかにもペットに関わる保険はありますか？

A ペットの健康保険については、保険業法に基づき少額短期保険会社が行っているものと、少額短期保険業の登録をして行っているものがあります。保障内容などに大差はありませんが、加入可能な種類や年齢、請求の仕方などはさまざまです。内容をよく検討してから加入してください。

飼い犬が他人を咬んだ場合などに対応する個人賠償責任保険や、獣医師向けの獣医師賠償責任保険などもあります。

ペット保険の始まり

ペットには、人間のような公的な健康保険はありません。ペット保険の始まりは、一九七六年にイギリスでパッティー・ブルームという女性がペットの保険会社を立ち上げたのが最初といわれており、ペット保険の普及により、イギリスでは、獣医療費の引き下げや平準化が進んだといわれています。日本では平成七年頃、「日本ペットオーナーズクラブ」が共済事業としてペットの健康保険を始めています。

平成一七年保険業法改正で無認可業者はいなくなった

当初のペット保険は、加入者の掛け金で相互に保障し合う共済だけで、この共済事業は、何の資格や条件もなく営むことができました。そのため、安易に事業を行って経営破綻に陥ったり、なかには掛け金を持ち逃げする悪質な事業者も出現するなど、社会的にも大きな問題になりました。

しかし、平成一七年に保険業法が改正され、このような無認可での共済事業はできなくなりました。

現在、ペット保険は、①損害保険会社による保険と②少額短期保険があります。

保険会社による保険と少額短期保険の違い

損害保険会社は許可制（金融庁長官による免許制）で、一〇億円以上の最低資本金を要するなど特に資力面での高いハードルがあります。その分、信用性は高いといえます。これに対して、少額短期保険業は、保険金額が少額で保険期間が短い一定の範囲内のものに限定されますが、金融庁（窓口は地方財務局）での登録、最低資本金一〇〇〇万円と、参入のハードルは低くなります。もちろん、少額短期保険業といえども従前のような無認可事業とはまったく異なり、保険業法の規制を受け、営業保証金の供託を要するほか、一定の商品審査も行われているので、消費者としては安心といえます。

人間に比べてペットは寿命が短く保険金額が高額でないため、少額短期保険業になじむといえ、従前ペット保険を扱っていた会社や団体は、少額短期保険業になった例が多いようです（前述の日本ペットオーナーズクラブによる「ペット&ファミリー少額短期保険」など）。保険会社になった例としては、アニコム損害保険があります。また、最近では、保険会社が新たにペット保険を扱い始める例もあり、今後もペット保険を扱う会社は増えると考えられます。

補償内容や保険金請求方法

損害保険会社による保険でも少額短期保険でも、掛け金や保障内容に大差はないようです。補償額や補償割合は、掛け金などのプランや条件に応じてさまざまですが、動物病院でかかった費用の五〇パーセント程度を補償するものが多いようです。一般的に、ペットの種類や年齢による加入制限があります。また、フィラリア予防やワクチン接種など病気予防のための検査や投薬、不妊去勢手術、トリミングなどは多くの場合、補償対象外となります。

細かいサービスの内容はさまざまで、がんや高額医療についても回数や金額に限度をつけて補償する、とか、多頭割引や健康返戻金制度があるなどいろいろです。

保険金請求方法については、たとえばアニコムのペット保険「どうぶつ健保」では、提携対応病院であれば、保険証の提示をすることで病院での支払い時に五〇パーセント（契約した補償割合によります）支払えばすみます。これに対して、病院で全額支払った後で、保険会社等に別途領収証を送って補償分が返金されるというタイプもあります。後者のタイプの場合、いったん審査を経ることになるので、保険会社等は必要があれば獣医師に確認を取ったり必要書類を要求したりしますが、場合によっては補償されない可能性もあります。ただ、前者のタイプでも提携対応病院でなければ全額支払い後に同様の手続きが必要です。

自分に合った必要な保険を選ぼう

どのような場合に補償を受けられないのか、自分の求めるサービスをよく検討してから加入しましょう。

保険会社の裁量で支払いを拒絶できるようなあいまいな条項がある場合は、特に気をつけましょう。たとえば、先天性の病気の場合、加入時点で発症していなければ補償するのか、それとも一切補償しないのかは大きな違いです。

出産費用など補償対象外とされていても、出産を機に治療が必要になった場合、治療部分は補償を受けられることもあります。

家庭の事情やペットの性質、状態によって必要な保障や使い勝手の良さは異なりますから、自分に合った保険に加入することが大事です。

最近ではペットが小さいうち（ペットショップでの購入時など）に加入することも多いと思います。

個人賠償責任保険って？

個人賠償責任保険は、保険の加入者本人や同居家族が、日常生活において、過失（注意義務違反）により他人に損害を与えた場合に被害者に支払う賠償金を補償する損害賠償保険で、損害保険会社などが取り扱っています。この保険は、加入者の飼養動物による事故などを含んでいます。

そのため、この保険に加入していれば、飼い犬が他人や他人のペットに咬みついてけがを負わせてしまった場合や、飼い猫が他人の物を壊してしまった場合などに、被害者である相手方に支払う賠償金や弁護士費用などが保険金として支払われることになります。

個人賠償責任保険は、保険料が安価な割に補償内容が手厚いので、是非加入を検討してみてください。

ペット保険で「ペット賠償責任特約」などとして扱っていることもあります。

ただし、もともとペット特有の保険というわけではないため、飼い主が加入している損害保険に付帯しているのに気づいていないこともままあります。二重に加入しても二重に補償されるわけではないので、自分や家族が加入していないか確認しましょう。

そのほかの保険あれこれ

公益社団法人日本獣医師会の団体保険である「獣医師賠償責任保険」など、職業別の保険商品もあります。

ペットに関わる仕事をしていて関心がある方は、保険会社や職業団体などに一度問い合わせてみるとよいでしょう。

団体保険というのは、特定の団体が保険契約者となって、保険会社などの保険者との間で、その団体の構成員等を被保険者として、保険契約をするものです。獣医師賠償責任保険でいえば、保険契約者は公益社団法人日本獣医師会という団体、その構成獣医師は被保険者（加入者）となります。保険加入の前提として団体（公益社団法人日本獣医師会）に加入していなければなりません。

これに対して、通常の個人保険は、個人が保険契約者兼被保険者となって保険会社などの保険者と保険契約を結ぶものです。

column 6

猫カフェに期待

猫カフェの猫は幸せか？

少なくとも私が訪れた店の猫たちは幸せそうに見えました。どの猫も爪が短く、よく手入れされており、のんびり昼寝をしたり、人に遊んでもらったり……。ただ、一歳未満～二歳の幼齢の猫が多いのが気になりました。

譲渡も視野に入っているのか？そんなことを考えて数年たったころ、元捨て猫たちを譲渡するカフェの存在を知りました。

動物愛護のサロンのような役割を期待

平成二三年朝日新聞広告特集「Sippo」で、沖縄県にある猫カフェが紹介されていました。動物愛護センターから引き取った猫をカフェで新しい飼い主と引き合わせるという取り組みです。記事によると、開店当初は、店の前に子猫を捨てにくる人がいたそうですが、現在は多くのカフェ猫が家猫になり、カフェを通してたくさんのつながりができているようです。

今はまだ猫カフェは猫に癒される人のための場所という印象ですが、今後、猫のことや動物愛護を考えるこういったサロンのような役割を担う猫カフェが増えたらいいと思います。

Q22 ペットの身分問題⁉ ～離婚・相続に伴うペットの扱い～

Q（Aさん）もし、自分が死んだら、ペットはどうなるのでしょうか？
（Bさん）離婚する場合、夫婦で飼っているペットをどちらが引き取るか争いになったら、どう決めるのでしょうか？

A（Aさん）ペットも財産なので相続の対象となります。ペットの世話をしてくれる人に負担付遺贈をするなど、何らかの手当てをしておくと安心です。
（Bさん）どちらも飼いたいなら、話し合いで決めるしかありません。まとまらなければ、訴訟などになります。

飼い主のいないペットの行く先は…

飼い主が亡くなったり離婚したりと、飼い主の〝身分〟が変動するような法律問題が発生した場合、所有物であるペットはどう扱われるのでしょうか?夫婦で飼っていた場合はどちらが引き取るのでしょうか?そんな問題を、相続と離婚を例に考えてみます。

動物は法律上「物」（動産）として扱われます。ですから、飼い主の所有物として、預金債権、家などの不動産、宝石類などの動産と同様に、相続の場合の遺産（Aさんのケース）や、離婚の場合の財産分与の対象（Bさんのケース）となります。

しかし、相続人が不在、相続放棄、あるいは遺産分割や離婚協議の中で誰もペットをほしがらないといった場合、結局、ペットは路頭に迷うことになります（飼い主の終生飼養義務はあるものの）。

最悪の場合、相続人や管理者が動物愛護センター等に持ち込み、殺処分という事態もあり得ます。自分に何かあった場合のペットの処遇については、あらかじめ考えておかなければならない問題といえます。

（Aさん）遺言で負担付遺贈や、死因贈与契約の締結を

遺産分割協議は、往々にして被相続人（あなた）の意思が明確でないとまとまらないものです。そのため、自分の死後の財産処理について遺言で残しておくことが、ペットにとってだけではなく相続人にとってもありがたいことです。

生前、ペットの世話をしてくれる人を探し、遺言でその人に対してペットの世話をすることを条件（負担）に負担付遺贈を行う方法があります。ただし、遺言は遺言者の単独行為で、契約と異なり相手を拘束する力はありません。そのため、あなたの死後、相手が遺贈を放棄することもあり得ます。

そういったことを防ぐには、あなたが死んだらペットを贈与するという負担付死因贈与契約（自分が死んだらペットの世話をしてくれることを条件に金○○万円を贈与するといった内容）を、書面で結んでおくと確実です。これなら細かい世話の内容なども決められます（遺贈の場合もあらかじめ承諾をとっておくことをおすすめします）。

また、死なないまでもあなたが入院するなどペットの世話ができなくなったときに備えて、世話にかかる費用をあらかじめ預託しておくという方法も考えられます。

いずれも、愛情を持ってペットの世話をしてくれる人を確保することが必要です。

世話をしてくれなかった場合

遺言あるいは契約に反してきちんとペットの世話をしてくれなければ、遺言であれば取消し、契約であれば解除をすることができます。といってもそれは死後の話ですから、このような監視は相続人にしてもらうことになります。

遺言は公正証書で

遺言の方法は、本屋で売っているマニュアル本などを参考に自分で簡単に作成できる自筆証書遺言もありますが、自筆証書遺言は、死後、「検認」という家庭裁判所での手続きが必要です。また、自筆証書遺言は些細な形式ミスで無効になります（署名がない、手書きでない、開封してしまったなど）。相続人の間で有効性が争われることも多いですから、多少の手間と費用がかかっても、そのようなおそれの少ない公正証書遺言を公証人役場で作成することをおすすめします（遺言の原本は公証人役場で保管され、本人には「正本」「謄本」と呼ばれる写しが渡されます）。

（Bさん）離婚するときは「親権」⁉を決めよう

人間の子どもの場合、未成年者であれば、親権者を決めないと離婚自体ができません。争いになれば、どちらが親権者としてふさわしいかを家庭裁判所が調査して判断し、場合によっては財産管理権を持つ親権者と、身上監護権を持つ監護者（同居する親）を分けるということもあります。しかし、ペットにはそのような制度はありません。

もしすでにどちらかが単独で飼育している場合は、ペットを勝手に連れて行くこともできませんから、そのような場合は、自分が飼い主であるとして、所有権に基づくペットの引き渡し請求訴訟を起こすなどして、どちらが飼い主かを争うしかないでしょう。

夫と妻のどちらが購入したのか？ 通常どちらが行政への登録や病院などで飼い主として名前を出していたのか？ 世話はどちらがしていたのか？ 世話にかかる費用はどちらが出していたのか？ など諸般の事情から、所有者を判断することになります。

ペットの幸せを考えた冷静な話し合いを

ペットがどちらを飼い主だと思っているかは、なかなかわかるものではないでしょう。

もし、相手の飼育方法に問題がなくペットもなついているのであれば、ペットに定期的に会わせてもらうという条件（一カ月に数日預かるなど、人間の子どもでいう面接交渉権のようなもの）を決めた上であなたが引くのもいいのではないでしょうか。その場合は、ペットの受け取り方法なども含めてきちんと書面で約束を決めておきます。裁判所の訴訟の過程でも、おそらくそういった形で和解するようすすめられることも多いはずです。ペットにとってどちらの飼育環境がよいかを冷静に判断するために、簡易裁判所で一般調停を行い、第三者を入れて話し合いをするのもいいと思います。

第3章　トラブルに対処

Q23
ペットの虐待を防ぎたい
～飼い主によるペットの虐待～

Q 近所に、自分の飼い犬をたたいたり蹴ったりして、満足な世話もしていない飼い主がいます。見かねて注意しても、「しつけだ」「自分の物だ」といって、とりあってくれません。虐待されている犬がかわいそうです。何とかならないのでしょうか？

A 飼い主には、動物の種類や習性に合った適正な方法で飼育する義務があります。しつけと称して飼育動物に不当な苦痛を与える行為は、飼い主といえども愛護動物に対する殺傷あるいは虐待として処罰されます（動物愛護法第四四条）。ただ、立証・虐待判断の難しさがあります。

飼い主の責任

動物愛護法第七条は、飼育動物をその種類、習性等に応じて適正に飼養、保管しなければならないという飼い主責任を定めています。

これを受けた家庭動物基準では、飼育動物の種類や発育状況等を考えた適正な餌と水の給与、適切な日照や通風・温度・湿度の確保、衛生面の配慮、病気やけがの際は獣医師にかかること、愛情を持って動物を取り扱うことなど、また犬の場合、他人に迷惑をかけないよう適正な方法でしつけを行うことなども飼い主の義務として定められています。

平成二五年改正で、同基準に、訓練やしつけは、適切な方法で行うこと、みだりに殴打、酷使などをするのは虐待となるおそれがあることを十分認識すべきことが明記されました。

愛護動物のみだりな殺傷や虐待は犯罪

法律上、動物は物（動産）です。自分の物をどう扱っても構わないという風潮もまだ強いようです。

しかし、平成一一年の動物愛護法改正により、動物は「命あるもの」（動物愛護法第二条）とされ、動物が単なる物ではないことが明記されました。

従来、虐待の多くは刑法の器物損壊罪（刑法第二六一条）が適用されてきましたが、財産保護を目的とする器物損壊罪では、所有者（飼い主）が虐待した場合に適用することができません。これに対して、動物愛護法第四四条は、飼い主であっても、愛護動物（犬や猫、馬等のほか、人が飼育している哺乳類、鳥類、は虫類の動物）をみだりに（正当な理由なく、という意味です）殺し、または傷つけたり、餌や水をやらないなどで衰弱させるなどの虐待を行えば処罰できるのです。

虐待とはどういう行為をいうのか？

虐待とは一般に、不必要に動物をいじめ、打つ、蹴るなどの肉体的苦痛を与えたり、怖がらせるなどの精神的な苦痛を与えることだと考えられています。

しつけと称する行為が不必要ないじめかどうかは、目的の正当性、手段の相当性、そのほか周囲の状況などを具体的、総合的にみて、社会通念上しつけといえる必要性や相当性を欠いているかどうかで判断します。

後述の平成二四年改正の動物愛護法第四四条二項*で、虐待行為の内容がより具体化されました。

また、多頭飼育の場合ですが、平成二五年改正の動物愛護法施行規則でも、何が虐待のおそれのある事態にあたるのかが規定**されましたので、だいぶ明確になったといえます。

どう対応するか？《第一段階》

しつけのつもりで暴力をふるっているケースもあります。まず、本人や本人の家族をとおして、犬のしつけや世話の仕方を伝える方法が考えられます。

自治体の保健所や動物愛護担当部署に相談して、事実上の指導をしてもらうことも考えられます。その際、行政の管轄に絡むよう、動物愛護法や狂犬病予防法違反にあたるという点を意識し、具体的な虐待の様子（子どもたちへの影響なども）や不衛生な状況（周辺住民への迷惑）などを伝えてください。都道府県知事は、多頭飼育により周辺の生活環境が損なわれている場合や多頭飼育自体に起因した衰弱等の場合、飼育方法を改善するよう勧告や命令を出すことができます（動物愛護法第二五条）。

ボランティアで犬の世話を申し出る、犬を譲り受けてしまうという方法も考えられます。

そのほかに方法は？《第二段階》

警察に対し、動物愛護法違反で処罰を求めるのがもっとも筋のとおった方法です。ただ、警察に動物虐待を通報し運よく現場を押さえたとしても、この法律が浸透していないこと、虐待の具体例や基準がはっきりしていないことなどから、飼い主に「しつけの範囲だ」といわれてしまうと、警察もなかなか力になってくれません。虐待を証明する客観的証拠（写真やビデオ、犬がたたかれているときの、あるいは飼い主が犯行を認めている録音テープ、目撃の記録や証言など）を集め、警察に通報し捜査に協力するようにしてください。

警察への告発

警察が動かない場合、告発をする方法もあります。平成一二年に、埼玉県のブリーダーの男性が一〇〇匹以上の犬を放置して死なせるなどし、ミイラ化した死骸もあったという悲惨な事件がありました。この事件では、現場を通りかかった善意の人や愛護団体、マスコミ関係者が力を合わせ、多くの人たちが告発人に名を連ねたことが契機となり、警察が告発を受理、男性は有罪判決を受けました（ただし、略式裁判による罰金刑）。

なお、告訴は被害者が行う場合で、告発はそれ以外の人が行う場合です。虐待事例については、平成二一年度環境省『動物の遺棄・虐待事例等調査報告書』で諸外国の基準などが紹介されています。参考になると思います。

法の限界と日本社会の意識の低さ

日本には、飼い主から飼育動物を確実に保護するための法律がありません。欧米のペット先進国のように、飼育禁止の措置を設けることや、ペットの繁殖時や購入時の規制を強化するなど、飼い主責任を厳しくすることが必要でしょう。

社会の意識の低さにも問題があると思います。日本人は一般に動物の扱いに慣れておらず、何がしつけの範囲を超えているかという認識が不足しているようです（子どもに対しても同様の問題があるかもしれません）。社会の意識が高まれば、飼い主による虐待がクローズアップされ、行政の指導も強まり、警察も動かざるを得なくなるでしょう。

社会全体の意識が向上すれば、より厳格な法の運用が期待できます。

平成二四年改正の動物愛護法

正当な理由のない殺傷（動物愛護法第四四条一項）のほか、法定されている虐待行為（同二項）は、愛護動物に対して正当な理由がなく行う次の四つの行為です。

(1)　①給餌、給水をやめる、②酷使する、③動物の健康・安全の保持が困難な場所に拘束する、これら①～③のいずれかにより、衰弱させること

(2)　自己の飼養・保管する動物が病気やけがをしているのに適切な保護を行わないこと

(3)　自己の管理する施設で、排せつ物が堆積、または他の愛護動物の死体が放置された中で飼養・保管すること

(4)　その他の虐待を行うこと

(4)については、前記述べたような社会通念に従って、虐待にあたるかどうか判断します。

また、獣医師に虐待についての通報義務が課されました。獣医師は、業務を行うにあたり、みだりに殺されたり傷つけられた、虐待を受けたと思われる動物やその死体を発見したときは関係機関に通報するよう努めなければなりません（同法第四一条の二）。

＊第四四条二項
「愛護動物に対し、みだりに、給餌若しくは給水をやめ、酷使し、又はその健康及び安全を保持することが困難な場所に拘束することにより衰弱させること、自己の飼養し、又は保管する愛護動物であって疾病にかかり、又は負傷したものの適切な保護を行わないこと、排せつ物の堆積した施設又は他の愛護動物の死体が放置された施設であって自己の管理するものにおいて飼養し、又は保管することその他の虐待を行った者は、百万円以下の罰金に処する。」

＊＊多頭飼育により「虐待を受けるおそれがある事態」になった場合、行政は改善の勧告・命令ができます（法第二五条三項）。施行規則ではこれを受けて、「虐待を受けるおそれがある事態」とは、次の六つのいずれかにあたり、かつ、都道府県職員の指導に従わず改善が見込まれない場合としています。①鳴き声がやまない、異常な鳴き声の頻発、②飼料の残さや動物のふん尿などの汚物が放置され臭気が継続して発生、③多数のネズミ、ハエ、蚊、ノミなどの衛生動物が発生、④栄養不良の個体がいて給餌・給水が一定頻度で行われていない、⑤爪が異常に伸びている、体表が著しく汚れているなど、適正飼養がされていない個体がいる、⑥繁殖制限措置がされず譲渡等による頭数削減もされずに繁殖で頭数が増加している場合です。

Q24 迷い犬を保護しました！
～逃走ペットの扱い～

Q 首輪をした成犬を保護しました。連絡先はわかりません。かわいいので、このままわが家で飼おうと思いますが、何か問題はあるでしょうか？ 警察に届けないとどうなるのですか？

A 首輪をしているのであれば、捨て犬ではなく誰かの飼い犬が逃げだした可能性が高いでしょう。遺失物（落とし物）として、速やかに警察に届け出ます。三カ月たっても飼い主が見つからなければ、あなたが飼い主になることができます。

少しでも飼い犬の可能性があれば、届出を

明らかに飼い主のいない犬（捨て犬、野良犬）でなければ、警察に届けておきます。

所有者のいない動産は、最初に所有の意思を持って占有した者がその所有権を取得できます（民法第二三九条一項「無主物先占」）。ですから、飼い主のいない野良犬や野良猫の場合、あなたが飼おうと思って保護すれば、それで所有権を取得できるわけです。

しかし、「拾ってください」と書かれた段ボール箱に入っていたとでもいうような状況がない限り、通常、「明らかに飼い主がいない」と判断できる場合は少ないでしょう。ご質問のケースのように首輪をしていれば、過去誰かが飼っていたことは間違いないですし、また、一般的に犬は帰巣本能があるので、あなたが保護しなければ、無事家に帰ったかもしれません。そのような犬を勝手に飼うと、窃盗罪（刑法第二三五条）や占有離脱物横領罪（刑法第二五四条）にあたるおそれもあります。ですから、飼い主の連絡先がわかれば飼い主に連絡しますし、そうでなければ、警察（最寄りの交番で構いません）に届出て（準遺失物として遺失物法に基づく提出）、その上で預かり飼育しましょう。

警察に届けておくと、飼い主が見つからなかった場合に自分の犬になります

三カ月以内に飼い主が見つかった場合、それまでの飼育にかかった餌代などの費用は支払ってもらえます。もし支払ってもらえなければ、支払ってもらえるまで犬の返還を拒むことができます。

他方、三カ月たっても飼い主が現れなかった場合、あなたは正式な飼い主になることができます（民法第二四〇条）。しかし、拾ってから速やかに届出るという手続きをふんでおかないと、①飼い主が現れなかっ

た場合に犬の所有権を取得できる権利や、②飼い主が見つかった場合に報労金（価額相当の五パーセント～二〇パーセント）をもらう権利は発生しません。

また、警察（署長）は、動物など保管に費用がかかるものについては、遺失物の公告から二週間以内に遺失者が判明しない場合は、売却などの処分をすることができます。

平成一八年に改正された遺失物法により、拾得者が動物愛護法第三五条に基づき動物愛護センター等への引き取りを希望した場合は、警察は犬猫を扱わないことになりました（遺失物法第四条三項）。実際に、これを根拠に「警察ではペットは扱わない」といわれてしまうこともままあります。しかし自分で飼う意思があるのなら、所有権の帰属が明確となる遺失物法で処理してもらうのがベストでしょう。

三カ月経過後に前の飼い主が見つかった場合の対応

このような場合、法律上はあなたに所有権があるわけですが、どう対応すべきでしょうか？あなたが少しでも前の飼い主の飼育状況に疑問を持ち、犬も帰りたがらないなど、あなたの家で飼われた方が幸せだと思えるなら、もちろんそのままでいいでしょう。

しかし、犬にとっては元の飼い主に飼われた方が幸せな場合が多いと思いますから、返してあげた方がよいこともあるでしょう。その場合、餌代などかかった費用を支払ってもらえるよう、話し合ってください。

自分の犬が迷子になったら迷い犬の情報はどう集める？

ここで、逆の立場に立って考えてみましょう。自分の犬が迷子になったら、保護してくれた人に何を望みますか？できるだけ早く連絡して欲しいし、最寄りの交番や愛護センター（できれば近県のセンターにも）に届けておいて欲しいと思いますよね。近所に、「こういう犬を預かっています」という情報を積極的に発信して欲しいとも思います。

所有者明示の徹底を

遠出先ではぐれたり、何かの拍子に外へ飛び出し迷子になる例は多いものです。平成二二年度の行政による犬猫の収容数は二六万一四五七匹（公共の場所で負傷等で収容されたものも含む）、そのうち殺処分数は二一万四六三八匹でした（環境省調べ）。また「動物愛護に関する世論調査」（平成一五年。内閣府調べ）によると、犬の場合六五・四パーセント、猫の場合八〇・九パーセントが所有者の明示（首輪や名札、鳥の脚環など）をしていません。飼い主にはその動物が自分のものであると明示する義務があります（所有明示の措置）。まず何よりも迷子防止の名札等のほか、犬ならば鑑札（登録すると交付される）、狂犬病予防注射済票をつけておくことが肝心です（後者二つは装着が義務付けられており違反には罰則もあります）。

室内から逃げ出した場合や震災時のことを考えると、外れる心配のないマイクロチップもおすすめです。

飼い主不明の犬が自治体に保護された場合、公示期間を経て最短で四日目には処分されてしまうおそれがあります（自治体によって多少の違いがあります）。

犬の移動速度は思いのほか早いので、迷子になったら一刻も早く探しましょう。近県を含めた自治体の動物愛護センターや保健所、警察などに問い合わせます。ポスターは管理者に許可をもらってから貼ります。ペット探偵に依頼する場合は、効率を考え痕跡が残っている直後の時期に頼み、費用について不安であれば、まず三日間などと区切って依頼するとよいと思います。

Q25
捨て犬・捨て猫・捨て牛
～ペットの遺棄～

Q 私は猫を飼っていて近所では動物好きと評判です。そのせいか時々自宅前に猫を捨てられて困っています。捨てる人を処罰できないのですか？

A 愛護動物である猫を捨てるのは、動物愛護法第四四条三項の「遺棄」にあたる犯罪です。警察に通報します。捜査の結果、犯人がわかれば処罰される場合があります。

ペットは終生飼養が原則です。特に犬と猫については、飼養を継続できない場合には新たな飼い主を探し、それもできない場合に限り、行政に引き取りを求めることとなっています。

猫を捨てるのは犯罪

動物愛護法第四四条は、愛護動物の殺傷や虐待、遺棄行為について処罰規定を設けています。遺棄について定める同法第四四条三項は、「愛護動物を遺棄した者は、百万円以下の罰金に処する。」と定めています。

遺棄とは、保護が必要な状態のものを保護されない状態に移すことです。たとえば、犬猫を置き去りにすることです。帰巣本能の強い犬をすぐ家に戻ってこれるような場所に放しても遺棄にはあたらないと考えられますが、容易に戻ってこられない遠い場所に置き去りにすれば、遺棄にあたると考えられます。

捨て猫行為を処罰した刑事裁判

平成一四年、千葉簡易裁判所は、飼い猫の産んだ子猫四匹を捨てた男性に対し、遺棄にあたるとして動物愛護法違反で罰金一〇万円の支払いを命じました。

男性は、犬猫の保護活動をしている近所の女性宅駐車場に、子猫四匹を入れた段ボール箱ごと置き去りにしました。玄関前に設置された防犯カメラに一部始終が記録されていたため犯行が発覚したということです。

なぜ、捨て猫行為は後を絶たないのか？

犯罪行為であるにもかかわらず、捨て猫行為が後を絶たない理由は、犯人特定の困難さと飼い主の意識の低さにあると思います。

犯人処罰を求める上で、もっとも大変なことは、犯人の特定です（この場合は猫を捨てた人）。また、一般市民のみならず、警察においても、動物愛護法の内容が熟知されていないのが実態です。残念ながら、明らかな遺棄を遺失物として扱う警察の話も聞きます。そのため、あなたが警察に積極的に捜査を申し入れ情報を提供することが必要です。

警察に通報して捜査を求める、パトロールを強化してもらう、あるいは、自分でも防犯カメラを設置したり、犯人の目撃情報を収集、記録化することも必要です。保健所や自治会などに相談し、「ペットを捨てる行為は犯罪」といった内容のポスターを作り、交番や自治会の掲示板に貼ってもらうのも効果的です。

飼い犬の置き去りで逮捕

平成一三年、岡山県で、犬を置き去りにして引っ越した男性が、遺棄にあたるとして動物愛護法違反で逮捕されました。この事件は、犬が取り残されているのを見た近所の住民の通報から発覚したものです。新聞報道によると、男性は（犬を置き去りにすることが）そんなに悪いこととは思わなかったと述べたそうです。

これも飼い主の意識の低さを端的に表していると思います。この事件からも、法令に定められている最低限のペットの飼い方、生き物を飼うことへの責任の自覚といった飼い主意識の向上が重要だと感じられます。

保護の対象となる愛護動物

殺傷や虐待、遺棄行為の保護対象となる「愛護動物」は次のとおりです（動物愛護法第四四条四項）。

一号　牛、馬、豚、めん羊、山羊、犬、猫、いえうさぎ、鶏、いえばと、あひる

二号　一号以外の動物で、哺乳類、鳥類、は虫類に属するもので、人が占有している動物

一号の各動物は飼い主の有無にかかわらず「愛護動物」にあたり、二号の各動物は飼い主がいる場合に限られます。金魚などの魚類は、含まれません。

ＢＳＥ問題が起こったとき、政府への抗議文句を落書きされた牛が公園に捨てられ、飼い主が書類送検されたことがありました（朝日新聞記事）。犬猫だけではありません。

column 7

刑事裁判例をみる～動物愛護法第四四条一項・二項違反の事例～

飼い主に対する有罪事例としては、子犬の足を切断するなどけがを負わせては治療費を集めていた事件で懲役六カ月（執行猶予三年）、猫を自宅ベランダから投げ落として殺した事件、犬を殴打してけがを負わせた事件、やけどを負わせた事件などでそれぞれ罰金刑が科された裁判例があります。

飼い主ではありませんが、猫のしっぽや耳を切って殺した写真をインターネットで公開したという事件で、懲役六カ月（執行猶予三年）が科された裁判例があります。

また、動物愛護法第四四条（旧第二七条）二項違反が認められた例には、平成一四年に長野県で、馬に餌や水をやらず瀕死の状態にした事件で罰金一五万円が認められた裁判例があります。

しかし、密室や加害者の自宅内で行われる虐待を立証するのは難しく、多くの場合は、処罰されないか、されてもせいぜい数万円の罰金程度。虐待を繰り返す飼い主も少なくありません。

右記馬の事件でも、死亡した馬については死因との因果関係の立証は難しいと考えられ検察官は起訴すらしていません。

立件され有罪となった事件の背景には、立件されなかった多くの事件があるといえます。

Q26 猫が脱走した！
～預けていた猫がいなくなった～

Q 旅行中に猫を預けた知人が、猫をうっかり逃がしてしまいました。好意で預かってもらったので何も請求できないのでしょうか？

A たとえ好意で（無償で）預かってもらった場合でも、知人には最低限、自分の飼い猫と同程度の注意義務で猫を保管する義務があります。これに違反していたといえるなら債務不履行責任を追及できます。猫の捜索費用や、見つからなかった場合の猫の価格相当額などを請求できます。

ペットのシッターなど業務として預かった場合は、たとえ無償であっても、注意義務の程度は厳しくなります。

約束があればそれに従って解決。なければ寄託契約などの民法の規定で判断

ペットは法律上「物」ですから、ペットを預ける契約は、物を預ける・預かるという寄託契約にあたります。また、世話の方法など預かり態様にもよりますが、ペットの世話という事務の委託でもあり、準委任契約にもあたると考えられます。準委任契約は、法律行為の委託である委任契約に準じて、委任契約の規定が適用されます。

ただし、ペットの預かりは寄託契約のみにあたり、準委任にはあたらないとする下級審判例もあります。

いずれにしろ、契約である以上、対価性の有無（有償か無償か）にかかわらず、まず、当事者（寄託者であるあなたと受寄者である知人）で約束した事項があれば、これは守らなければなりません（たとえば、餌やりの回数や内容など世話の仕方、緊急時の措置など）。契約違反のときの責任も決めてあれば、それに従います。

しかし、特に約束した事項がなければ、民法の寄託契約・委任契約の規定に従うことになります（民法第六四三条以下）。

“プロ”の場合、保管者には重い「善管注意義務」がある

有償で預かる場合、あるいは預かり自体が無償であってもペットの預かりを仕事として行っている人が営業の一環として預かる場合（ペットホテル、ペットのシッターなど）、保管者の注意義務は重くなります。保管者は、その人の職業や社会的地位に応じて通常期待されている注意義務を負います（これを「善管注意義務」といいます）。つまり、獣医師なら獣医療業務にたけた者として、ペット保管のプロならペットの生態をそれなりに熟知した者として、社会的に通常期待

されているような注意義務を負います。こういえば、重い義務であることをイメージできるでしょうか。

この善管注意義務は、特定物（ここでは猫）を引き渡す債務を負っている者に、引き渡しまでの間に課される法律上の義務です（民法第四〇〇条）。同様の義務は、委任契約の受任者にも課されています（民法第六四四条）。

無償預かりの場合の注意義務の程度は有償預かりの場合より軽いことがある（自分の飼い猫と同じ程度）

では、純然たる好意で預かる場合はどうでしょうか。この場合、受寄者は、自己の財産に対するのと同一の注意をもって寄託物を保管する義務を負います（民法第六五九条）。つまり、自分のペットだったら注意するだろう程度の注意義務でよい、という意味です。

たとえば、猫を部屋で放して遊ばせるときに窓を開けていれば、通常、身軽な猫は二〜三階からでも逃げてしまうだろうことはわかるはずです（およそ逃げられない構造なら別ですが）。このような状況で猫が逃げたケースであれば、自己の財産に対するのと同一の注意義務も果たしていないと見なされます。

なお、お礼を兼ねてお土産を渡す約束になっていても、それだけではペットの預かりと対価性があるとはいえず、有償性があるとは評価できません。

請求できる損害の内容

受寄者である知人が、このような注意義務に違反して猫を逃がしてしまった場合、寄託者であるあなたは、相当な損害について請求できます。猫の捜索にかかった費用やけがをして見つかった場合の治療費、結局見つからなかった場合の猫の価格相当額などです。

精神的な損害を慰謝する慰謝料については、その可否や金額は、行為態様の悪質さや結果の重大さなどの事情を総合的に考慮して決められます。たとえば、知人の対応が悪く（探しに行ったり、すぐあなたに連絡するなどの措置を何もとらなかったなど）、結果も重大である場合（死んでしまったり、見つからなかったなど）、ある程度請求できると考えられます（もちろん人間の場合に比べれば極めて微々たる金額です）。

猫を預けるときは健康チェックを行い、性格などもきちんと説明しておこう

ただし、猫が通常考えられない（知人は知らない）性質を持っていたのが原因で逃げてしまったといった場合には、すべての責任（全損害）を知人に押しつけるわけにはいきません。

それどころか、あなたがあらかじめ知人に、問題や性質（変わった特技なども、これにあたる場合があるかもしれません）を知らせなかったことで、知人に損害が発生した場合は、逆に、あなたが損害を賠償しなければなりません。

たとえば、感染症にかかっていたり、ノミを持っていたなどの事情を、あなたは知っていたけれど知人は知らず、知人飼育のペットにうつしてしまった場合の治療費や、ノミ駆除のためにかかった費用の支払いなどが考えられます。

「猫は家につく」といわれていますから、場所を移して他人に預ける場合は、日頃から猫を他人や、よその場所に慣れさせておく、信頼できる慣れた人に預ける、世話の仕方や注意事項をよく伝えておくことを心がけましょう。ペットのシッターを頼むのも一案です。

また、戻ってきたときの体調変化を比べるため、預ける前に健康チェックをして写真を撮っておくこともおすすめです。これを通常のペットホテルに預けるときにも行っておくと、トラブル発生時に役立ちます。

Q27 手術したペットが死亡してしまった

～獣医療過誤～

Q 手術直後に飼い猫が死んでしまいました。手術ミスではないかと思います。どのような責任を追及できますか？

A 獣医療過誤が疑われる場合、①死亡原因を探る→②原因となった行為について獣医師に注意義務違反があるかを検討する、ということになります。獣医師は社会的に通常期待される注意義務（善管注意義務）を負っており、これに違反すれば、獣医療過誤として損害賠償責任を負います。

ペットが死亡した場合、最近の裁判例では比較的高額な慰謝料が認められる傾向にあります。

原因は何かを考える

獣医師の責任を追及するには、まず、死因が手術によるものか、手術前後の管理によるものか、それともそれ以外の原因によるものかを判断します。次に、その原因が獣医師の診療行為によるものであるとした場合、それが一般的な獣医師の医療水準に比べて劣っているかどうかを考えます。その獣医師に注意義務違反があったかを具体的に検討するのです。

たとえば、死亡原因が単純な手術ミス（ガーゼを体内に残してしまった、縫合の不備など）、麻酔の多量投与、術後の不衛生な管理による細菌感染などの場合、明らかに注意義務違反があると考えられるでしょう。

獣医師の負う責任～獣医師との契約～

飼い主がペットの診療を依頼し、これを受けて獣医師がペットの診療を行うという契約は、準委任契約（内容は委任契約と同様です）と考えられています。人間の医師でも同様です。委任契約（民法第六四三条以下）は、請負契約とは異なり、仕事の完成（ここでは治癒）という結果を保証するものではありません。

しかし、受任者（獣医師）には、その人の職業や社会的地位に応じて通常期待される一般的・抽象的な注意義務「善管注意義務」（善良な管理者としての注意義務）が課されています。ですから、獣医師として当時の獣医療水準に従った平均的なレベルの注意を尽くしておらず、そのために被害が発生した場合は、契約責任である債務不履行責任（民法第四一五条）を負わなければなりません。

さらに、故意（わざと）または重過失（過失の程度がひどい場合）で結果を引き起こしたような場合には、不法行為責任（民法第七〇九条）を負うこともあります。

損害賠償の範囲は、ペットの価格相当額、治療費、慰謝料などです。

まず獣医師から説明を聞きましょう

どういう検査結果や所見に基づいて手術の必要性と相当性を判断したのか? どのような手術を行ったのか? ペットの状態に応じたケアはどのように考えたのか? などを、カルテや検査結果書、レントゲンなどを見せてもらいながら説明を求めましょう。

たとえば、異物の飲み込みによる開腹手術であれば、通常のレントゲン写真のほか、造影レントゲン写真があることが多いですし、手術により取り出した異物も残っているはずです。

獣医師にとっても、資料を見せながらきちんと説明しておいた方が、後々トラブルになりません。ただし、獣医師が飼い主にカルテなどの資料を渡す場合は、原本は渡さずに、必要な部分をコピーして渡しましょう。

訴訟にする場合

説明に納得がいかず、話し合いもうまくいかない場合は、訴訟ということになります。カルテの写しをもらうなどといった任意の協力が得られない場合、訴訟の前に裁判所を通じてカルテ類一式の証拠保全手続きをする必要があります。その上で、注意義務違反と結果との因果関係を証明できそうだとなれば、損害賠償請求訴訟を起こすことになります。

また死因を明らかにするため、ペットの死体を他の獣医師に診てもらったり剖検(死亡原因を究明するための解剖)に回してもらうことも考えてください。ペットの死の直後に決断するのはつらいかもしれませんが、訴訟では、死因がある程度客観的に明らかにならないと難しいことが多いのです。

記録は時系列ごとにすべて記録化し、きちんと保管しておきましょう。

獣医師に責任ありとされた裁判例

　獣医療過誤で獣医師の注意義務違反が認められた裁判例には、たとえば、猫の避妊手術中、尿管を卵巣動脈とともに誤って結紮《さつ》し術後二日目に死亡させたケースで、約九三万円の賠償を認めたもの（平成一四年宇都宮地判）、猫の帝王切開時に、猫に使用が許されていない陣痛促進剤を多量に投与して死亡させたケースで、約七〇万円の賠償を認めたもの（平成九年大阪地判）などがあります。

　そのほか、手術の事例ではないですが、犬の血糖値が高値を示すなど糖尿病の典型症状が出ているにもかかわらず、適切な時期にインスリン投与を怠って死亡させたケースで、治療費、慰謝料などの賠償を認めたものがあります（平成一六年東京地判）。

獣医師倫理の問題も

　単なる獣医療過誤を超えた悪質な事例として、被害者五人（原告）のペットがそれぞれ、二四時間受け入れ体制ありと宣伝された病院（実際はそのような体制なし）にペットを預け、死亡または後遺障害を負ったケースで、獣医師（被告）に①診療契約時に治療の意思がないのに虚偽の事実を告げて締結させた詐欺行為、および②動物傷害行為の二つの不法行為を認め、五件合計で約三一六万円の賠償金支払いを命じたものがあります（平成一九年東京地判）。なお、このケースについては獣医師法により、一定期間の業務停止の行政処分がされました。また、平成二〇年に同じ被告に対する同種事件で一〇〇万円の慰謝料が認められています。

　このような動きを受け、最近では、獣医師国家試験などでも、獣医師倫理の問題がクローズアップされているようです。

Q28
獣医さんとの付き合い方
～インフォームドコンセント～

Q　飼い犬の手術前に麻酔や予後の説明が十分になされなかったのが不満です。獣医師にも説明義務はあると思います。獣医師とのコミュニケーションのとり方についても教えてください。

A　獣医師には、飼い主が自分のペットにどのような治療を受けさせるかを決定するために、治療の内容や予後、金額などについて説明する義務があります。獣医師の注意義務違反とペットの死亡結果などとの間に因果関係が認められない場合でも、獣医師が説明義務違反により責任を負うことがあります。

インフォームドコンセント（informed consent：十分な説明と同意）

獣医師には、ペットに手術などの医療行為を受けさせるかどうかを飼い主に決めてもらうために（つまり、飼い主が自己決定するために）、事前に飼い主に対して、その医療行為の必要性や相当性などをわかりやすく説明する義務があります。人間の場合と少し違うのは、特に金額についても説明する必要が高いという点です。たとえば、高価な治療の割に治癒の見込みが薄いなどについてもです。

特に手術の場合、獣医師の説明義務は重要です。獣医師は、手術の内容や危険性を飼い主が十分理解した上で意思決定できるよう説明しなければなりません。具体的には、病名、病状、実施予定の治療方法の内容、それに伴う危険性、選択可能なほかの治療方法があればその内容などということになります。

最近の裁判例では獣医師の説明義務違反を認めたものがいくつかあります。ただ、説明義務違反による損害として認められるのは慰謝料のみです（これに対して死亡結果などとの因果関係が認められれば、ペットの価格相当額や治療費、慰謝料などが認められます）。

〝獣医師に説明義務違反あり〟とされた裁判例

一つめの事例は、①子宮蓄膿症治療のための卵巣子宮全摘出、②口腔内治療のための下顎骨切除、③乳腺腫瘍のための乳腺摘出手術の三つの手術を同時に行い、死亡させたという犬のケースです。

裁判所は、緊急性がないのに三つの手術を同時に行った、特に③の手術は必要性が低く放置してもよかった、切除の範囲などについて飼い主に十分な説明と同意がされていなかった、などとして獣医師に説明義務違反を認め、慰謝料など九〇万円あまりの賠償を命じました（平成一九年東京高判）。

二つめの事例は、犬の手術に伴う危険性の説明が不十分で、手術をするかどうかの飼い主の自己決定権が侵害されたというものです。裁判所は、腫瘤が悪性の場合は術後再発したら足を切断するしかないのに（結局再発して切断）、これを説明しなかったなどとして慰謝料など四〇万円あまりの賠償を命じました（平成一七年名古屋高金沢支判）。

獣医師と飼い主。人間同士のコミュニケーションが大事

右記いずれのケースでも、もともと飼い主が手術に積極的でなかったという事情がありました。

手術はそれ自体危険なものなので、なるべく受けさせたくないと考える飼い主も多いと思います。薬の処方や検査についても同様のことがいえます。緊急性がない（つまり必要性が高くない）のに行う診療については、その説明と同意は慎重にされるべきでしょう。

飼い主からいえば、必要性と効果、また費用についても、冷静に質問することが大事です。いざというときどうするか、老犬（猫）の延命措置も話し合っておくとよいでしょう。ペットが若いうちから相性のよい獣医師を探し、意思の疎通を図っておくことは大事だと思います。筆者が法律相談を受けたり、受任したケースから感じる雑感としても、ペットが高齢または緊急事態になって初めて病院に駆け込み、トラブルになるという例は少なくないと思います。

人の医療と違うのは、患者であるペットが話せないため、飼い主と獣医師の協力による〝通訳〟が必要であること、飼い主の経済的な事情やポリシーにより受けさせる治療に差があるため、獣医師にとってどこまでの治療が適当か判断が難しいことなどでしょうか。

ただし、「悪質な獣医師」や「非常識な飼い主」もいないとは言い切れませんので、どちらもご注意を。

column 8

悪質な病院、非常識な飼い主

問題がありそうで気をつけた方がよい動物病院とはどのような病院でしょうか?

まず、不衛生であること。ほかには、医師が常軌を逸して飼い主と会話ができない、非常に動物嫌いである、執拗に誓約書をとる（入院・手術前の誓約書を盾に、一切の責任は負わないと豪語するなど。ちなみに、手術前の誓約書は、説明義務を果たしたことの証明にはなり得ても、獣医師に注意義務違反がある場合の結果まで免除することにはなりません）、などがあげられます。

では、「非常識な飼い主」とはどのような人でしょうか?

話ができない、動物の生態に合った世話の仕方を伝えても一向に理解しようとしない、満足な給餌や給水すら怠りがち、ブラッシングやフィラリア予防もしていない、動物虐待で通報したくなるような（?）飼い主などでしょうか。

とはいえ、飼い主の場合、動物病院に連れてくる愛情があるのですから、たいていの虐待的扱いは、無知からくることが多いと思います。ですから、落ち着かせてきちんと話せば通じるはずです。取り乱しているなら、家族に同席してもらい、検査結果など客観的な資料をもとに説明するのもいいでしょう。

Q29 吠え声がうるさい！
～ペット公害～

Q 近所に吠え続ける犬がいて困っています。自治体や保健所、警察にも相談したのですが、聞き取り程度で根本的な解決にはなりません。裁判にするとどのような結果になるのでしょうか？

A あなたや町内会、自治体や保健所、動物愛護センター、警察からの働きかけでも駄目、最寄りの裁判所での調停などの話し合いにも応じない、となると裁判所に訴えるしかありません。早朝深夜の異常なほどの吠え声で、慰謝料請求などが認められた裁判例がいくつかあります。

犬の吠え声は苦情ワースト3に入る

　平成二二年の動物愛護に関する世論調査によると、ペット飼育による迷惑の第一位「散歩している犬のふんの放置など飼い主のマナーが悪い」、第二位「猫がやってきてふん尿をしていく」に続き、第三位に「鳴き声がうるさい」が入っています。

　犬猫の問題に限らず、騒音被害は、それが特に住宅街における早朝深夜のものであれば安眠妨害行為であり、長期にわたれば人の健康を損ない、人格権を侵害する性質のものです。最近は超小型犬がブームとはいえ、さまざまな犬種が飼育されています。体の大きさにかかわらず、犬はもともと吠えるのが仕事ですから、何かあれば吠えるもの。特に住宅密集地域での多頭飼育や大型犬の飼育は、気をつけないと深刻なトラブルになってしまうこともあります。

　ちなみに猫の鳴き声の問題は、多くは発情期の声が原因ですから、これは屋内飼養、不妊去勢措置といった飼い主責任を徹底することで防げるはずです。

住宅街における飼い犬の吠え声の騒音で慰謝料支払いを命じた裁判例

（ケース①）　闘犬（アメリカン・ピット・ブル・テリア）五匹の飼い主に対し、受忍限度を超える鳴き声であるとして三〇万円の慰謝料の支払いなどを命じた裁判例（平成七年）があります。

（ケース②）　鎌倉の閑静な住宅街で、シェパードとマルチーズを六年間連日のように早朝深夜を問わず鳴かせ、特にシェパードは甲高い声で鳴き続け、それにより隣家の女性が神経衰弱状態となり失神することもあったという事案において、裁判所は、被告である飼い主に対し、飼育上の注意義務違反がなければこのような異常な鳴き声を防止できたはずであるとして、被害者一人につき三〇万円の慰謝料の支払いを命じました（昭和六一年）。

（ケース③）　都内の閑静な住宅街で、グレート・ピレニーズ二匹を含む四匹の大型犬を早朝深夜を問わず鳴かせ、再三の苦情にも改善がなかったという事案で、受忍限度を超える騒音であるとして、裁判所は、被告である飼い主に不法行為責任を認め、騒音が原因で賃借人がいなくなったことの損害と、（被害者一人につき）三〇万円の慰謝料の支払いを命じました（平成七年）。

このほか、似たような事例で慰謝料一〇万円を認めたもの（平成三年）、吠え声や悪臭がひどいとして三匹以上の犬を飼育してはならないとした仮処分決定（平成七年。これは仮処分決定という仮の手続きで、裁判結果などその後の経過については不明です）などもあります。

ポイントは犬の飼育状況

右記ケース②は、咬傷事故などで通常問題となる「動物の所有者・占有者責任」（民法第七一八条一項）が問われた事例でした。

右記ケース①と③は、社会生活を送る上でお互い通常我慢しなければならない「受忍限度」を超えているとして、一般の不法行為責任（民法第七〇九条）が問われた事例です。Q3、Q4で紹介した猫の餌やり事例もこのアプローチがとられました。

アプローチの仕方は違っても、いずれもポイントは犬の飼育状況です。裁判所は、飼い主の義務として、

・住宅地で犬を飼育する以上、犬の鳴き声が異常なものとなって近隣に迷惑を及ぼさないよう、飼い犬に愛情を持って接し、規則正しく食事を与え、散歩に連れ出し運動不足にしない、日常生活におけるしつけをし、

場合によっては訓練士をつける、といった飼育上の注意義務をあげています。

右記ケース②のシェパードは訓練に出したこともあったのですが、不十分と評価されました。〝犬は吠えるものだが、適切な運動と食事、しつけなどを行いさえすれば異常な吠え方をすることはない〟という裁判所の理解がベースにあるといえます。当然の判断でしょう。

騒音被害に実効的な解決方法はあるの⁉

とはいえ被害者からすると、「何年も我慢した揚げ句に訴訟を起こしても賠償金はこの程度⁉」という気持ちもあるはずです。しかも、住宅地域でないとか、早朝深夜の被害はそれほどではない、被害者が後から隣家に引っ越してきたなどの事情があれば、裁判で簡単に責任が認められるとは限りません（前から居住している当事者が保護されやすい）。

吠え声の記録をつけたり、関係各所に相談したり、隣近所に証言の協力を頼んだり、弁護士に依頼して書類を作ったり、という手間は想像以上に大変なものです。

このような飼い主の多くは、近隣との間でほかにもトラブルを抱えていたり、自分の能力の範囲を超えた多頭飼育をしている、あるいは精神的なカウンセリングが必要な場合もあります。都市化・核家族化がすすむ現代社会では今後このようなトラブルの増加が懸念され、自治体や警察での効果的な解決策の検討が必要でしょう（裁判の簡便化ももちろん必要ですが）。

また、適切な世話をされていないペットに対する虐待（動物愛護法第四四条）といえるケースも多いはずです。虐待行為のさらなる摘発や飼育制限などの法制化が望まれます。

Q6の多頭飼育、Q20の夜間営業も参照してください。

Q30 近所の犬・猫に物を壊されました
～他人の犬や猫による物損～

Q 近所の飼い猫が、自宅の駐車場の車のボンネットによく乗っています。引っかき傷がつくと困るのでやめてほしいのですが、どうしたらいいでしょうか？
また、散歩中の犬が玄関先に入ってきて自転車を倒すことがあります。
これらの場合、修理代などの費用は請求できますか？

A 飼い主に対して、車や自転車の修理にかかった費用などを請求することは可能です。ただし、被害者側でも動物が侵入しないような工夫や、飼い主に注意喚起するなどの対策は必要でしょう。

動物の占有者（飼い主）の損害賠償責任

動物の占有者は、動物が他人を傷つけたり、他人の物を壊したりした場合、原則として損害賠償責任を負います。占有者とは、自己のために物を現実に支配している者をいいます。通常、飼い主は動物の占有者かつ所有者ということになりますが、占有者と所有者が異なる場合もあります。*

民法第七一八条一項本文は、「動物の占有者は、その動物が他人に加えた損害を賠償する責任を負う。」と定めています。

例外的に同項但し書きで、「ただし、動物の種類及び性質に従い相当の注意をもってその管理をしたときは、この限りでない。」と規定して、飼い主が相当の管理をしていた場合の免責を認めていますが、犬の咬傷事故の裁判でも免責例はほとんどありませんから、まして他人の敷地内に入っての損壊というケースで飼い主責任が否定されることは少ないでしょう。

修理代の請求が可能

本件では、損傷が猫（または犬）によるものであるとはいえ、飼い主が特定できれば損害賠償請求が可能です。

ただ、猫のケースでは、特に複数の猫が出没している状況だと、ボンネットの傷が「その猫」によるものだと特定するのは難しいこともあります。また、修理費用が傷の程度に比して過大ではないかということも問題となるでしょう。

犬のケースでは、散歩中なら飼い主の特定は比較的容易です。しかし、自転車の設置状況や、一般人が通行できる私道であるなどの事情によっては、犬が自転車を倒したのは避けられなかったとして、飼い主責任が否定されることもあります。

対策は必要

裁判では、個別具体的な状況に基づき、もろもろの事情を加味して総合的に判断されます。特に駐車場は、敷地内とはいえ屋外の開かれた空間ですから、所有者としてどのような対策をしていたかも考慮されます。

対策としては、たとえば、自転車が簡単に倒れないようにする、柵の設置、車にカバーをかける、などのほか、飼い主や通行人に注意喚起するための呼びかけ（看板設置や回覧板へのチラシ同封など）などが考えられるでしょう。

猫は屋内飼育が原則

動物愛護法を根拠とする家庭動物基準で、猫は屋内飼育が原則と明記されています。ですから、飼い主がわかれば、地域の動物愛護センターや保健所などの協力を得て、猫の適切な飼い方について指導してもらうことも効果的です。なお、例外的に屋外飼育をする場合は不妊去勢手術をするのが原則とされています。

被害がエスカレートしたら

飼い主は不明だが野良猫ではないと思われるケースで（首輪をつけているなど）、被害が深刻な場合は、近所の人や自分の被害状況をまとめた記録、写真などを作成し、器物損壊罪（刑法第二六一条）などで警察に被害届の提出や告訴の申し立てをすることも考えられます。

刑事事件の場合は、損害賠償請求などを行う民事事件と異なり、飼い主が特定できなくても構いません。

＊「東京都動物の愛護及び管理に関する条例」は、飼い主の定義を「動物の所有者以外の者が飼養し、又は保管する場合は、その者を含む。」とし、所有者も占有者も含めています。

＊＊家庭動物基準　第5（猫の飼養及び保管に関する基準）

「2　猫の所有者等は、疾病の感染防止、不慮の事故防止等猫の健康及び安全の保持並びに周辺環境の保全の観点から、当該猫の屋内飼養に努めること。屋内飼養以外の方法により飼養する場合にあっては、屋外での疾病の感染防止、不慮の事故防止等猫の健康及び安全の保持を図るとともに、頻繁な鳴き声等の騒音又はふん尿の放置等により周辺地域の住民の日常生活に著しい支障を及ぼすことのないように努めること。」

「3　猫の所有者は、繁殖制限に係る共通基準によるほか、屋内飼養によらない場合にあっては、去勢手術、不妊手術等繁殖制限の措置を講じること。」

Q31
ペットが交通事故に!!
～ペットと交通事故～

Q

（Aさん）ペットが交通事故に遭ったら被害弁償してもらえるのですか?

（Bさん）ペットが原因で事故が起きたら（ノーリードで車道に飛び出した犬を避けて交通事故が起きた場合など）、飼い主が責任を負うのですか?

A

（Aさん）人間のように高額なものは無理ですが、被害弁償はもちろん可能です。

（Bさん）ノーリードでの散歩など、犬の管理に問題があれば、飼い主は、それによって起こった事故の損害について賠償責任を負います。賠償の範囲は、具体的事情によって決まります。

ペット絡みの交通事故

　ペットが関係した交通事故の裁判例には、散歩中の犬が車にひかれた事故、ペットを怖がって（あるいは避けようとして）オートバイなどのハンドルをきったために起きた事故、車同士の衝突・追突で同乗していたペットがけがをした事故などがあります。

ペットにもシートベルトの装着を！

Aさん（ペットが交通事故に遭った場合）

　自動車同士の追突事故により同乗ペットが負傷した事案で、ペットの治療費などの損害を認めた裁判例がいくつかあります。その中には、損害の範囲について、ペットの時価相当額に限るべきではないとして、事故で後遺症を負った犬の治療費や慰謝料数十万円などを認めた上で、ここから、犬用シートベルトなど体を固定するための装置を装着させるなどしなかった点を被害者（飼い主）の過失と認定して、損害額を一割減額（相殺）したものがあります（平成二〇年名古屋高判）。

　もちろん、犬用シートベルトの装着が法令上義務付けられているわけではありませんが、犬をケージに入れるなど何らかの方法で固定するべきであると判断されたわけです。

ペットを避けようとして起こった事故での飼い主責任（Bさん）

　ペットが原因で交通事故が起こった場合について、具体的な裁判例をいくつかみていきましょう。

（ケース①）　交差点で自動車と衝突

　飼い犬が屋外に飛び出し、さらには赤信号の交差点に飛び出して自動車と衝突した事案で、飼い主には犬が屋外に飛び出さないようにする義務、また、犬が車道に出ないようつかまえる義務があるのに、これを怠ったとして、けい留を外した飼い主に自動車の修理代などの損害賠償を命じた裁判例があります（平成一八年大阪地判）。

（ケース②）　オートバイがハンドルきり損ね

オートバイ運転者が、道路に飛び出してきた犬に驚き、衝突を避けようとして道路脇のガードレールに衝突して負傷した事案で、家から逃げ出した犬の飼い主に治療費、バイクの修理費などの損害賠償を命じたものがあります（平成一九年京都地判）。

（ケース③）　自転車の事故例

散歩のためリードをつけようとしていた途中で、飼い犬（ダックスフンド）がノーリードで表に飛び出し、自転車に乗った小学生（被害者）が犬に驚き川に転落した事案で、第一審判決は、犬の加害行為としては約二メートルほど被害者のほうに歩み寄っただけで、被害者は脇を通過することが十分可能だったとして、飼い主の管理責任を否定しましたが、控訴審判決は、ノーリードの点を重視して飼い主責任を肯定しています（昭和五七年福岡高判）。

ペットを交通事故から防ぐために

自動車やオートバイの事故では犬がひかれてしまうことも多々あります。このような場合、飼い主としてはただでさえ悲しいのに、過失（ペット保管の注意義務違反）があると、加害者（運転者）は事故を避けられなかったとして、運転者に、ペットの死やけがに対する責任を問えないばかりか、逆に、運転者に被害があればその賠償を命じられるおそれがあります。

運転者の目線からは、背の低いペットはなかなか視界に入りません。犬の性質上、興奮して急にリードを引っ張り車道に飛び出すこともよくあります。

子どもやお年寄りにリードを持たせてコントロール

できずに引っ張られている光景もよく見かけますが、非常に危険です。これは犬の散歩は犬を制御できる者が行うべきことを定めた家庭動物基準*に違反する行為でもあります。特に車の往来が多い街中や交差点では、犬を十分コントロールできる大人がリードを持つようにしてください。

ペットが家から脱走するケースも意外に多いので、気をつけましょう。

＊家庭動物基準　第4

「5　犬の所有者等は、犬を道路等屋外で運動させる場合には、次の事項を遵守するよう努めること。

(1)　犬を制御できる者が原則として引き運動により行うこと。

(2)　犬の突発的な行動に対応できるよう引綱の点検及び調節等に配慮すること。

(3)　運動場所、時間帯等に十分配慮すること。

(4)　特に、大きさ及び闘争本能にかんがみ人に危害を加えるおそれが高い犬（以下「危険犬」という。）を運動させる場合には、人の多い場所及び時間帯を避けること。」

Q32
猫をあげたら詐欺だった
～猫の譲渡詐欺～

Q **野良猫を保護して飼い主を見つける活動をしています。飼い主希望者が猫をかわいがってくれるのか不安です。虐待、転売目的ではないかと疑ってしまうことも。そういう事例はあるのでしょうか？**

A 猫の譲渡詐欺と認定された民事裁判や、虐待目的で動物病院や猫保護ボランティアから猫を譲り受けた者に対し動物虐待罪や詐欺罪が成立した刑事裁判があります。

猫を渡した後で取り返すのは困難です。飼い主希望者の身元や飼育環境の確認、各団体との情報交換にも努めましょう。

猫の譲渡詐欺の事例（民事事件）

原告（訴訟を起こした側）らは大阪で猫を保護、飼育していたボランティアたち、被告（訴訟を起こされた側）はインターネットの飼い主募集サイトを通じて原告らから猫を譲り受けた若い女性です。被告は「前に飼っていた猫に似ている」などといって猫を譲り受けたのですが、すべての猫が間もなく行方不明になりました。

原告らは、被告に「試し飼い」ということで猫を渡したのに引き渡し後は猫に会わせてくれなかったことや、猫を集めている不審者の情報などから事件が発覚しました。

裁判所が詐欺を認めた理由は、被告が猫を一度に複数欲しがること、すでに他からも数十匹の猫を受け取っていたのにこれを黙っていたこと、ペット飼育可を証明するマンションの規約提出や写真撮影を嫌がること、ワンルームで飼えるとは思えないこと、猫の飼育状況を抽象的にしか説明できないこと（猫たちの様子を聞かれても「人なつっこく」「食欲旺盛」といった程度の話しかできない）といった不自然さなどからでした。

原告らが求めた①猫たちの引き渡し、②不妊措置などの医療費や慰謝料、弁護士費用などの損害賠償のうち、①の引き渡しについては、一審（地方裁判所）では猫の特定ができないとして否定されたのですが、平成一九年の控訴審（高等裁判所）では猫の詳細な特徴を追加主張したため肯定されました。②については、慰謝料と弁護士費用の一部など合計約一三八万円の損害が認められました。

動物病院からもらい受けた事例（刑事事件）

刑事事件の中には、動物病院から猫を譲り受けては虐待を繰り返したという横浜市の事例があります。

猫が苦しがるのを見るのが楽しいなどとして、猫の爪を根元から切断したり、人間用の薬を飲ませて死なせるなどの虐待を繰り返していた男性に対し、平成一九年、動物愛護法違反で懲役一年六カ月（ただし執行猶予がついたので実際には服役せず）の刑が科せられました。

愛護団体などからもらい受けた事例（刑事事件）

似たような事例で、複数の猫保護のボランティアたちから、猫を譲り受けては虐待を繰り返したという川崎市の事例があります。

虐待の上殺傷する目的を秘して、ボランティアたちから（主に）子猫を譲り受けては、猫を踏みつけたり壁にたたき付けたり溺死させたりして殺すなどした男性に対し、平成二四年、詐欺（刑法第二四六条一項）と動物愛護法違反で懲役三年（ただし執行猶予がついたので実際には服役せず）および五年間の猶予期間中の保護観察処分の刑が科せられました。

覆水盆に返らず

猫の譲渡詐欺（民事事件）の事例では、その後の強制執行は功を奏さず、猫を取り返すことはできませんでした。刑事事件としても立件できず、被告の女性が多数の猫を譲り受けた目的もわからないままでした。

事例からわかるとおり、「お試し期間」などを設けて猫の所有権をしばらく譲渡人側に留保しておくことで、トラブル時には、所有権に基づく引渡し請求が可能となりますから、こういった方法はよいと思います。

しかし、どんな理由であれ猫をいったん渡してしまうと、返還は事実上不可能なのです。

動物に限らず物一般にいえることですが、実際のところ、一度渡した物を取り返すのはとても難しく、ケースによっては不可能といえます。お金についても同じようなことがいえます。渡すときは慎重に。

飼い主希望者の適格性判断の徹底を

猫を保護したいという人の善意を疑うのはなかなか難しいことでしょうが、飼い主希望者の話にうそがないかをしっかり確認しましょう。

チェック項目としては、住居や家族構成、ほかのペットの飼育歴、時間的・経済的余裕の有無、猫の適正飼育への理解、最低一年間の報告義務などが考えられます。

トラブルがあった場合に備えた誓約書の作成（重大な違反があれば返還してもらうなど）、猫を特定する証拠（マイクロチップが無理でも写真などにより詳細な特徴を記録しておく）など裁判資料も揃えておきます。

同じような活動をしている人たちとの日頃からの情報交換も大事です。動物病院や行政機関、警察などに被害報告がされていないか、アンテナを張っておくことも必要でしょう。

Q33 野生動物の捕獲、飼育
～野生鳥獣の保護～

Q 新聞で「オオタカの違法譲渡で逮捕」とか「メジロの違法捕獲」などのニュースが報道されていました。野生動物や外来種の動物、希少動物の扱いについてまとめて教えてください。

A オオタカなどの希少野生動物は、種の保存法により原則として捕獲や譲渡などはできません。また、メジロなどの野生動物は、鳥獣保護法により原則として捕獲や飼育はできません。そのほか、立法目的を異にする外来生物法、動物愛護法などもあります。

オオタカの譲渡（種の保存法）

オオタカの違法譲渡などが事件として報道されることがあります。オオタカやハヤブサは種の保存法で「国内希少野生動植物種」に指定されており、生死を問わず、譲渡し・譲受け・引渡し・引取り（以下「譲渡し等」）、販売・頒布目的の陳列は禁止されています。「国際希少野生動植物種」も同様です。

「国内希少野生動植物種」の生きた個体を捕獲・採取・殺傷・損傷（以下「捕獲等」）することも禁止されています。例外的に学術研究、繁殖、教育などの目的で環境大臣の許可を得れば捕獲等、譲渡し等が可能ですが、許可証が必要です。

違反には罰則もあります。たとえば、譲渡し等が禁止されている希少種を譲り渡したり、譲り受けたりすると（無料でも）一年以下の懲役または一〇〇万円以下の罰金に処せられます。

は虫類の輸入・卸販売会社の経営者が、密輸したガビアルモドキ、マダガスカルホシガメなどの「国際希少野生動植物種」を国内で繁殖させたと偽って販売した事件では、種の保存法違反や詐欺罪で二年六カ月の実刑判決などが下されました（平成一八年東京地判）。

種の保存法は、ワシントン条約*を受けて平成四年に制定された法律で、同条約のほか二国間渡り鳥等保護条約の対象種についての国内取引を規制しています。

メジロの捕獲、飼育（鳥獣保護法）

メジロの違法捕獲の方は、鳥獣保護法違反です。同法により、原則として、野生鳥獣の捕獲等（捕獲、殺傷）、鳥類の卵の採取等（採取、損傷）は禁止されています。従前例外の一つとして、各地で競鳴会などが開かれていたメジロは、愛玩目的に限り都道府県の許可のもと一世帯一羽の捕獲および飼育が認められたのですが、密猟が横行し暴力団の資金源になっているとの指摘もあり、国の指針**で原則禁止となりました（平成二四年四月一日より）。輸入鳥と偽っての飼育を防ぐため、メジロやオオルリなどの輸入鳥類は環境大臣交付の足環の装着が義務付けられています。

　鳥獣保護法のもとは大正七年制定の狩猟法です。環境省所管となった現在では農林水産業の保護などに加え、生物多様性の確保も法目的に入りました。捕獲等が許される例外は「狩猟」と「許可捕獲」の二つです。

①「狩猟」→狩猟免許者が狩猟鳥獣（法で指定）を狩猟可能区域で狩猟期間内に法定猟法で行う場合

②「許可捕獲」→都道府県知事等の許可を受けて行う場合（いわゆる有害駆除を含む）

外来種の飼育（外来生物法）

　野生動物の外来種問題も深刻です。珍しい外国産ペットを飼い、飼育しきれずに死亡させる、未知の病気、遺棄や逃走により国内の在来種を駆逐するなど多くの問題があります。外来種問題への対策を義務付ける「生物多様性条約」を受け、日本でも平成一六年に外来生物法が制定されました。

　もともと日本に生息していない外来生物のうち、生態系等へ被害を及ぼし、またはそのおそれがあるとして「特定外来生物」に指定されたもの（ブルーギル、アライグマなど）は、輸入、飼育、栽培、保管、運搬、販売、譲渡、野外に放つことなどが禁止されています。例外的に、学術研究目的や、指定時にすでに飼育していた個体に限り飼育などが許可されます。輸入には許可証と輸出国が発行する書類が必要です。

　このほか輸入への事前届出などの規制がある「未判定外来生物」（被害を及ぼすかどうか未判定のもの）や、「要注意外来生物リスト」もあります。

動物愛護法はすべての動物に適用

　動物愛護法はペットに関する法律というイメージが強いですが、原則として、すべての動物を対象としています。野生動物でも、哺乳類、鳥類、は虫類の場合、飼い主等は、動物をみだりに傷つけたり、適切な世話や保護をしなければ、動物愛護法違反で処罰されます（動物愛護法第四四条）。

販売時の対面説明や現物確認義務ももちろんあります（ただし、第一種動物取扱業者間の販売は除きます）。販売者の説明義務の中には、品種等の名称、性成熟時の標準体重等、人獣共通感染症のほか、繁殖者名や登録番号（輸入動物で繁殖者不明の場合は譲渡者の情報）も含まれます。トレーサビリティを確保し、野生動物、輸入動物の密輸や違法取引を防止するためです。（Q７も参照してください）

統一的な動物法の必要性

法律によって立法目的は異なりますが、外来種対策も希少種保護も、生態系保護という意味では同じです。また野生動物をペットとして捕獲、輸入、飼育すれば動物愛護法の問題にもなります。

動物愛護法の「特定動物」（都道府県の許可を要する）に指定されている危険な動物が外来生物法の「特定外来生物」に指定されると「特定動物」から外さなければならないなど（例　タイワンザル、カミツキガメ）法令間の細かな調整も容易ではありません。動物についての法律が統一されて使いやすくなることが望まれます。

生態系保護のためには、問題となった野生動物種を次から次へとリストアップするのではなく、原則禁止とすべきではないでしょうか。そういう意味では、現在のように、規制動物種を列挙するネガティヴリスト方式ではなく、例外的に飼育等を許す動物種を列挙するポジティヴリスト方式に変えてはどうかと思います。

＊「絶滅のおそれのある野生動植物の種の国際的な取引に関する条約」

＊＊「鳥獣の保護を図るための事業を実施するための基本的な指針」

column 9

ペットのしつけ

「近所から吠え声がうるさいと苦情がくるので」とか、「言うことを聞かないから」などとして行政に犬猫の引き取りを求める飼い主がいます。

ペットのしつけは、このような悲劇をなくすためにも、また、ペットの健康、災害時の同行避難などのためにも大切なものです。

◎最初が肝心　トイレのしつけ

犬猫はきた当初からすぐにトイレのしつけをしましょう。子犬は行動範囲を限定できるようサークルにトイレと寝床をつくり、食後や起きた直後、遊んだ直後などにしやすいのでよく観察します。

子犬はグルグルと回りながら地面の臭いをかぎ始めたら排泄のサインです。トイレに連れて行き、できたらよく褒めてやります。猫のトイレは部屋の隅に置き、砂や新聞紙などをこまめに替え、いつも清潔にします。失敗した所は臭いを消します。根気よく教え続けましょう。

◎コマンドは統一する

「ダメ！」「よし」「待て」「おいで」などの指示語は家族で統一します。叱るときと褒めるときの区別をつけ、いずれもその行動の直後に行います。感情的に怒ったり、体罰を加えてはいけません。

犬の名前を呼んだら飼い主の目を見るよう、アイコンタクトの練習もします。

叱るときに名前を呼ばないように。自分の名前が嫌なものと思って、呼んでも来なくなってしまいます。

◎決して咬まないように

特に子犬は歯がかゆい時期があります。そのような時期に咬み癖をつけてしまわないようにします。甘咬みでも「痛い！」と注意して、人の指などを咬む癖をつけないようにして、咬んでもよいおもちゃなどを与えます。咬み癖がついてしまうと、将来咬傷事故などを起こすおそれがあります。

◎吠え癖をつけない

日頃から屋外のいろいろな物音に慣れさせます。番犬であっても、いったん吠えて来客を知らせたら、飼い主の制止ですぐに吠えやむようにするのが理想的です。無駄吠えが多いときは、原因も探って。猫の発情期の鳴き声は不妊去勢措置をすることで防げるはずです。

◎ストレスをなくす

たとえ超小型犬でも気分転換に外での散歩は必要です。犬は遊ぶことが大好きです。しつけも兼ねてボール遊びや引っ張りっこなど飼い主が一緒に遊んであげましょう。猫は高い所が大好きです。キャットタワーなどのおもちゃを用意してあげるのも。

◎世話をしてスキンシップを

犬のブラッシング、歯磨き、猫のグルーミングなどはこまめに行いましょう。成長に伴い首輪がきつくなっていないかも観察して。毎日のスキンシップは病気の早期発見にも役立ちます。

参考：『住宅密集地における犬猫の適正飼養ガイドライン』（環境省）、『わんわんにゃんにゃん母子手帳』（一般社団法人全国ペット協会）

column 10

欧米の法令をみる～ペット先進国の法制度～

ペット先進国といわれるような国では、動物保護（福祉）という視点から法律が作られているようです。そのため、飼い主であるなしにかかわらず、動物を不適正に扱ってはならないというスタンスに立ち、どういう行為が虐待か、不適正な扱いかといったことが詳細に規定されています。

罰則も日本よりは重く、多くの国が飼育禁止措置を設けています。アメリカ（ただし、州による）、イギリスには、法的権限を持つ動物専門の査察官がいて、飼い主の動物虐待を取り締まっています。アメリカは動物福祉法を中心に、各州・各都市で独自に動物虐待防止に関する詳細な法律や条例を持ち、イギリスは動物保護法を中心に、犬への虐待法、犬の繁殖法、番犬法、動物健康法、芸用動物規制法、ペット動物法、動物許認可法など、場面ごとに応じた実に多様な法律があります。ドイツでは、民法で、「動物は物ではない」と明記され、動物保護法で、能力以上の役務やスポーツなどに用いられることが禁止されています。スイスの動物保護法では、ペットだけでなく実験動物の取り扱いなどについても詳細に規定されています。そのほか、韓国などアジア諸国でも動物保護の法令が整備されつつあります。

日本の動物愛護法でも、地方公共団体は動物愛護担当職員を置くことができるとされており（動物愛護法第三四条）、多くの自治体に担当職員がいます。今後、警察と連携してより積極的な活動ができるような〝アニマルポリス〟に期待したいと思います。

第4章　ペットとの別れ

Q34 ペットが死んでしまったら
～埋葬、届出など～

Q かわいがっていた犬が死んでしまいました。埋葬の方法や必要な手続きを教えてください。毎日泣き暮らしています。ペットロスの解決方法はないですか？

A 飼い犬が死んだら、三〇日以内に市区町村に死亡の届出をします。埋葬については、市区町村（環境、清掃などの担当課）、あるいは民間業者に依頼して火葬処理するのが適当です。

最近はペットに死なれたときに飼い主が受けるショックの大きさも問題になってきています。悲しみを周囲に表現することなどが大切でしょう。

市区町村に届け出る

犬の場合、飼い始めたとき、市区町村に届出をして鑑札をもらったはずです。それと同じように、死んだときも市区町村に届出をしてください。郵送や電子申請での届出ができる場合もあります。また、役場の出張所などに電話をしてすむこともありますから、忘れずにしましょう。三〇日以内に届出をしないと、二〇万円以下の罰金刑が科されることもあります（狂犬病予防法第四条四項、第二七条一号）。

飼育に許可が必要な特定動物などが死んだ場合は、許可を出した機関に死亡の届出をします（実際は、国や自治体の担当部署ということになります）。

埋葬は火葬にするのが無難

犬や猫など通常のペットの埋葬方法については、特に法の規制はありません。自宅の庭が広く、臭いが漏れないなどの管理がきちんとできるのであれば、土葬にすることも可能です（いわゆる野焼きは禁止されていますので、自分で焼くのはいけません）。

しかし、公衆衛生上の問題などで隣家に何か被害を与えた場合、隣家から被害弁償を求められる可能性もあります。また、他人の土地に勝手に埋めるなどすると、「みだりに廃棄物を捨てた」として、廃掃法違反で懲役刑や罰金刑に問われたり、そこまで悪質な行為ではないとされても、「公共の利益に反してみだりに鳥獣の死体を捨てた」として、軽犯罪法違反に問われるおそれもあります。

そのため、特に住宅の密集する都心部では、土葬ではなく、火葬にするのが無難だと思います。

ペット専門の民間の葬儀会社、動物霊園などに依頼して火葬だけを頼む、あるいは納骨や墓地への埋葬まで頼むといった方法があります。市区町村にペットの死体の引き取りを頼むこともできます（有料）。市区町村によっては、民間の動物霊園への委託、一般ごみとは別の焼却炉を使うといったところもありますので、あらかじめ調べておくとよいでしょう。

たとえば、東京都渋谷区の場合は、清掃事務所がペットの死体を自宅まで引き取りにきてくれます。手数料は一匹二六〇〇円で、死体は一般ごみとはまったく別に火葬されます（平成二五年現在）。

犬猫以外の動物には注意が必要

なお、牛、馬、豚、羊などの家畜動物をペットにしているような場合は、衛生上の観点から、死亡獣畜取扱場という都道府県知事の許可を受けた専門の処理施設で処理しなければならないことになっています（「化製場等に関する法律」）。火葬を頼むときに許可の有無を確認してください。

家畜動物についてはQ7も参照してください。

増えているペットロス

ペットの長寿化、室内飼育などから、最近はペットと飼い主の密着度が高まり、ペットに死なれたときに飼い主が受ける精神的なショックの大きさも問題になってきています。

家族のような（ある意味では家族以上に密接な関係にある）ペットがいなくなった。いつも傍らで自分を見上げていたその場所に、昨日までいたはずのペットがいない。

このように、文字どおり、心にポッカリと穴のあいた状態に陥るのは、ごく自然なことです。ペットロスの重さは、生前過ごしたペットとの関係や年月、ペットの死に方、周囲の状況、個人の性格などによっても差はありますが、誰もがなる可能性のある問題です。

ただし、あまりにも精神的ダメージが大きく、半年とか一年、それ以上の時が経過しても改善がみられず、日常生活に支障を来すような場合は、カウンセリングを受けるなど専門家の助けを借りた方がよいでしょう。

最近では、ペットロスを癒すための関連書籍も多く出版されていますし、話を聞いてくれる人がいなければ、有料のペットロス専門の相談所や、心理療法士など心の専門家に相談するのもいいと思います。

ただし、くれぐれも、「供養のためにはこのお布施が必要だ！」「あなたの信心が足りなかった！」などという怪しい商法には引っかからないように。

日頃から、ペット仲間をつくったり、悩みを言い合える友人をつくっておくのも大切だと思います。人との付き合いはすべて、持ちつ持たれつ、ギブアンドテイクですから。

column 11

ペットロスを乗り越える

上手な癒し方の一例として、次のようなプロセスをふむと効果的と思われます。

第一　ペットの臨終、死体に向き合う。

ペットの死を実感することで、かえって悲しみが癒えるのも早くなるようです。

第二　通夜や葬式をする。

自分なりの儀式をすることで、ペットの死を再認識します。

第三　友人や知人に喪のはがきを出す。

悲しみを周囲に表現し、自分の沈んだ心をそのまま放っておかないということです。

参考：『ペットロスの処方箋』（獣医師石井万寿美著／コスモヒルズ刊）ほか

Q35 ペットの葬祭・火葬トラブル
～ペットの葬祭・霊園業～

Q 愛犬が亡くなり火葬車サービスを利用しましたが、当初の金額よりずいぶん高く請求されました。戻された骨も本当に自分のペットの骨か不安です。ペットの葬祭・火葬に規制はないのですか？

A ペットの葬祭、霊園事業については、特に規制はありません。

特に移動式火葬サービスにはトラブルも多いようです。最低限、サービス内容をよく確認し、見積書と領収証をもらいましょう。

ペットの死体の処理

ペットの死体の処理については特に規制はありません。小さなペットは庭先に土葬してもいいでしょうが、住宅が密集している都心部などでは自治体に依頼して火葬するのが無難です。自治体によっては、ペット霊園に委託するなどしてペット専用炉で焼却してくれますが（東京都世田谷区など）、個別葬やお骨の返還を望むなら、民間のペット葬祭業者に頼むしかありません。

ペットの葬祭・霊園・火葬業

一口にペット葬祭業といっても、お経を上げてペットの葬式・火葬・埋葬までするところから、火葬だけ行いお骨を返す、お骨の埋葬のみ行う、特別なことはせず遺品などの一部からメモリアルグッズを作るなどさまざまです。

ペットの死体を扱う埋葬・火葬業については、現在、特に法規制はありません。動物愛護法で登録が必要な「第一種動物取扱業者」にもあたりません。「動物取扱業」は、あくまで生きているペットの販売・保管・貸出し・訓練・展示等の扱いを対象としているからです。ただし、今後、ペットの葬祭業者にも何らかの規制が行われる可能性はあるといえます。

しかし、それまでは、飼い主である消費者自身で自己防衛を行うしかありません。過去の事例からみると、ペットの葬祭・霊園・火葬業者というのは、ちょうど法の規制の隙間に入るような業種です。サービス内容もさまざまであるにもかかわらず、消費者側が気が動転していたり、ペットのためにと多少無理をしてもお金を払ってしまいやすい背景事情があり、悪質な事業者が入り込みやすい業種だと考えられます。

まずは、葬祭サービスのうち何を利用したいのか、その場合の内容と費用はどうなっているのかについて、お任せではなく、自分でよく判断して見極めることが大切です。

ペット霊園

ペット霊園の多くは、火葬のための施設や墓地などの施設を有しています。最近では輸送の便宜を考えて自宅まで死体を引き取りに来てくれる霊園も多いようです。

このようなペット霊園の場合、建物の設備や規模によっては、建築基準法での立地規制などがあることもあります。

最近では、ペット霊園に焦点を当てて、条例で住宅地域と一定の距離をおくことや近隣住民の同意を得ることを定めたり、火葬施設に対して設備基準などを設ける自治体も出てきました。

たとえば、千葉県市原市の条例では、ペット霊園の設置を許可制とし、住宅から五〇メートル以上離すことや焼却炉の構造基準などについて定めています。神奈川県川崎市では、「ペット霊園設置等に関する指導要綱」（平成二三年）で、ペット霊園設置者に対し、あらかじめ市長との協議や近隣住民などの理解を得ることを求め、一定の基準に適合することなどについて定めています。

もっとも、このように場所が固定している霊園に対しては、事業者の特定も比較的容易ですから、何か問題があれば苦情もいえます。

移動式火葬サービスの難しさ

これに対して、自動車だけで死体の火葬を請け負う移動式の火葬業については、連絡先も流動的で、問題が生じやすいといえます。火葬業者の中には、携帯電話しか教えず連絡がつかなくなった事業者や、火葬炉の設備が不十分だったという悪質な例もあります。

移動式火葬車は、自宅まできて個別葬をしてくれるなど、確かに便利です。しかし、移動式ならではのトラブルも多いことを自覚して利用してください。

また、利用者との問題だけではなく、車の放置や煙の漏れなどによる悪臭の問題もあり得ます。燃焼温度が低すぎるとダイオキシン発生の問題もあり、逆に高温すぎると骨が残らないなど難しい点もあります。

トラブルを避けるために

平成二二年、ペットの火葬を請け負いながら死体を山林に捨てていた男性が、廃掃法違反で逮捕されました。このように、自身で火葬はせず、ほかで火葬を行うために引き取りだけを行う事業者であれば、戻された骨が自分のペットのものかの確認もなおさら困難です。

きちんとした業者かどうかの見極めは、利用したことのある知人の口コミなどがもっとも有効かもしれません。そのほか、移動式火葬車の事業者が集まって自主的にルールを決め、協会をつくっている例もあります。

高額不当な代金を請求された場合は、消費者契約法などにより支払いの拒絶・返還ができるケースもありますし、脅された場合は刑事事件となることもあります。そのような場合、消費者センターや警察に相談してください。

Q36 〝安楽死〟は許されますか?
～ペットの安楽死～

Q 高齢で病気を抱えたペットがつらそうなので、獣医さんでの安楽死を考えています。獣医さんにも賛成・反対があるようですが、法律的に何が問題があるのでしょうか?

A ペットの安楽死について直接規定した法律はありません。法律上はペットを殺さなければならない場合をいくつか規定しており、その場合、できるだけ苦痛を与えない方法で行うよう定めているだけです。ペットが回復の見込みがない病気やけがの場合に、適切な方法で行う安楽死であれば、認められると考えられます。

人の安楽死の基準（裁判例）

安楽死とは、助かる見込みのない病人を本人の希望に従って苦痛の少ない方法で人為的に死なせることをいいます。

人の場合、このような積極的な安楽死は認められていません。ただ、過去の裁判（平成七年横浜地判）において、以下のような例外的に許される安楽死基準が示されたことがあります。

①耐え難い肉体的苦痛がある、
②死が避けられず死期が迫っている、
③肉体的苦痛を除去・緩和するための方法を尽くし、他に代替手段がない、
④生命の短縮を承諾する患者本人の意思表示がある、

の四要件がすべて揃えば許されるというものです。

ペットを殺す場合を予定した法令

動物愛護法第二条は、何人も、動物をみだりに（正当な理由なく）殺したり苦しめたりしないようにと規定し、同法第四四条は、愛護動物（牛、馬、豚、めん羊、山羊、犬、猫、いえうさぎ、鶏、いえばと、あひる、人が飼っているその他の哺乳類、鳥類、は虫類）をみだりに殺したり傷つけたりすることを禁じています（もちろん飼い主であってもです）。

その反面、行政による犬猫の引き取り義務（動物愛護法第三五条）、実験動物の処分（動物愛護法第四一条）など、法律上人為的に殺すことが予定された規定もあります。殺さなければならない場合の指針も規定されています。これらの法の趣旨から考えると、ペットの安楽死はケースによっては認められているといえます。

では、どのようなケースならよいのかというと、行

政による場合などを除くと、一般的にはやはり人の場合の基準をもとに考えざるを得ないと思います。ペットの意思（右記基準でいう④）は確認できないので、右記基準①〜③を判断するには、飼い主の観察に加え、獣医師の専門的、客観的な診断が必要不可欠で、専らこれに頼らざるを得ないでしょう。それをもとに飼い主が最終的な決断を行うことになります。

殺さなければならない場合の手段・方法

動物愛護法は、「動物を殺さなければならない場合には、できる限りその動物に苦痛を与えない方法によってしなければならない」（第四〇条一項）とし、動物の殺処分方法に関する指針を定めています。

指針によると、愛護動物を殺処分しなければならない場合、その動物の「生理、生態、習性等を理解し、生命の尊厳性を尊重することを理念として」「殺処分動物による人の生命、身体又は財産に対する侵害及び人の生活環境の汚損を防止」するよう努めることとされています。

方法としては、化学的または物理的方法で、できる限り苦痛を与えないで意識を喪失させ、その上で心肺機能を停止させる、その他社会的に容認されている通常の方法によることとされています。

安楽死が許されるケース

具体的に安楽死が許されるケースは、現在の獣医療水準や社会認識に照らせば、重い病気やけがで回復の見込みがない、あるいは回復しても生活の質（Quality Of Life）（この判断が難しいですが）が保てない場合。適切な方法としては、飼い主に抱かれるなどしたペットに、獣医師ができる限り苦痛を与えないよう注射で麻酔薬の過剰投与をし、眠らせて行うことではないでしょうか。

安楽死選択のメリット

欧米（特にアメリカ）では、飼い主が最期まで責任を持って管理するという意識の徹底や、宗教観の違いもあり、ペットの安楽死にはかなり積極的です。

ペットを苦しみから解放できるというだけでなく、たとえばペットの介護に疲れて十分な世話をしてあげられず、次第に虐待的な飼い方になってしまう、そのような事態も避けられるともいわれています。

家族みんなでみとりの時間を静かに過ごし、感謝の気持ちを持ってペットを送り出すことができるともいわれ、安楽死をさせたほうがさせない場合より、ペットロスからの立ち直りが早いともいわれています。

時代とともに変化する安楽死の考え方

ひと昔前は、獣医師もペットの安楽死には消極的で、飼い主も周囲から非難の目を向けられるなど、タブー視される傾向がありました。しかし、動物は人と違い「今」を生きているといわれます。「今」苦しいから「今」この苦しさを取り除いてほしい、いたずらに痛みを延ばすのは人間のエゴではないかという考え方もあります。

日本でも、人の脳死を死と認めるなど、死生観に対する社会全体の考え方が変化してきており、ペットの安楽死についても、今後、その選択が増えると予想されます。生活の質の確保という点から、特に痛みがあり、治癒・改善が難しい場合は、安楽死は認められやすいでしょう。

現場での獣医師の負担

右記基準③の代替手段の有無は、飼い主の時間的・経済的余裕によっても大きく異なります。家庭の事情でペットの介護に手が回らない、これ以上治療費が出せないなど、一つ一つの事情をみて他に手段がないかを総合的に判断しなければなりません。

獣医師にとっては、飼い主の家庭の事情もあり、難しい判断を迫られることになってしまいます。初めてかかる病院に重態のペットを持ち込み、安楽死を迫る飼い主の話も聞きます。そうなると、トラブル防止の観点から獣医師も安楽死には消極的にならざるを得ません。

飼い主は、日頃からかかりつけの獣医師とペットの最期について相談しておくのが望ましいでしょう。

安楽死の議論をとおしてもっと考えよう

安楽死が許されるかどうかではなく、どのような場合に許されないか、どのような内容と手段なら許されるかということを議論すべき段階にきていると思います。これは、法律で簡単に決められることではなく、多くの人の議論が必要です。獣医師同士でも積極的に議論し、獣医師会などで一定の基準を発表することから始めてみてはどうかと思います。

他方で、安楽死の名のもとにむやみな殺処分がされないような防止策（規制）も必要でしょう。獣医師の診断能力の格差という課題や、そもそも同じ動物が畜産用か実験用か愛玩用かなど用途によって分けられている現行制度も一つの課題といえるかもしれません。

column 12

ペットは物？～動物の法律上の地位～

ペットをはじめとした動物は、日本の法律上、「物」として扱われます。

民事についての一般法である民法では、「この法律において『物』とは、有体物をいう。」と規定されています（第八五条）。そして、「不動産以外の物は、すべて動産とする。」と規定されているので（同八六条）、有体物である動物は物であり、その中でも動産であるということになります。

ただし、動物は、動物愛護法第二条で「命あるもの」と規定されています。同法第四四条で愛護動物のみだりな殺傷や虐待を犯罪とし、たとえ飼い主（所有者）であっても処罰されることなどから、動物は特別な「物」といえますが、その法律上の扱いはまだまだ不十分です。

ペット先進国といえるドイツでは、民法に、動物は物ではないことが明記されています。

生きている「物」特有の問題が起きると、このような日本の法律事情では適切な処理をすることがなかなかできません。〝ペットの売買法〟とか〝動物に関する法律〟とか〝動物の移動に関する法律〟といった、生き物を対象とした法律を整備するなど何らかの手当てをしてほしいと日々痛感します。

Q37

災害とペット(1)
～災害時の法制度におけるペットの位置づけ～

Q 災害時のペットの保護や危険動物の管理はどう図られているのですか?

A ペットの法的な扱いは基本的に通常時と同様ですが、災害時について、地域の防災計画や動物愛護管理推進計画で定めがあります。

いわゆる危険な動物については、特別措置法や飼養基準により、緊急時の計画の作成、発生時の逸走防止、逸走した場合の捕獲、関係機関への通報などが定められています。

被災動物救援の必要性

平成二三年三月一一日の東日本大震災では、地震と地震による津波、火災などにより、多くの人とともに動物も被災しました。原発事故で立ち入れない地域に取り残されたペットや畜産動物、停電で死んでしまった水族館の展示動物などもいました。被災動物の迅速な救援をいかに行うかは、人の救援と同様に今後の大きな課題です。

緊急時、災害時のペットの救護や逸走防止など管理体制はどうなっているかを概観してみます。

地域によって異なる防災時の対応

災害が原因でも、迷子になれば自治体の動物愛護センターや保健所、警察へ問い合わせるといった基本は通常時と同様です。しかし、実際の災害時の対応や支援は地域によって大きく異なります。たとえば、東日本大震災において新潟県では、中越沖地震（平成一六年）の教訓を生かして、いち早くペット同伴での避難所受け入れを行いました。

地域防災計画

国の「防災基本計画」は、災害時の動物の管理（衛生面も）と飼料に関する計画―被災した飼養動物の保護収容、避難所等での適正飼養、危険動物の逸走対策、動物伝染予防上必要な措置、飼料の調達及び配分の方法に関すること―を重点事項の一つとしています。

国の「防災基本計画」や後述の基本指針を受けて実際に各自治体で作る「地域防災計画」では、たとえば、地域の獣医師会と動物関係団体等の設置する動物救援本部を中心に被災動物の保護、援護を行うこと、避難所での適正な飼育（譲渡）などを定めています（以上は東京都の例）。

東日本大震災でも、地域の獣医師会と動物愛護の公益団体などが連携し、「緊急災害時動物救援本部」が設置され、多くのボランティアが被災動物の救護にあたってきました。

動物愛護管理推進計画

動物愛護法に基づく国の基本指針*では、被災者等の心の安らぎの確保、被災動物の救護および動物による人への危害防止等の観点から、①地域防災計画で動物の取扱い等に関する位置づけを明確にし所有者（飼い主）責任を基本とした同行避難および避難時の動物の飼養管理や放浪動物等の救護等、地域の実情や災害の種類に応じた対策を適切に行えるよう体制を整備すること、②逸走防止や所有明示などの所有者責任を徹底することなどをあげています。

国の基本指針に基づき各自治体で策定している動物愛護管理推進計画には、たとえば、被災者の負担軽減と動物の福祉のため、救護マニュアルに基づき被災動物の保護収容や餌の確保を図ること、隣接県と援助しあい市町村等や獣医師会、ボランティア団体との連携を図るとしたもの（以上は福島県の例）、初動体制の行動を想定した訓練の実施、飼養者に日頃のしつけや鑑札・注射済票、迷子札等の装着について普及啓発するとしたもの（以上は宮城県の例）があります。

平成二四年の動物愛護法改正により、自治体が定めるべき事項に、「災害時における動物の適正な飼養及び保管を図るための施策に関する事項」が追加されました。

今後は、災害時のペット同行避難の徹底や、ペット同伴の避難訓練の実施などが重要な課題といえるでしょう。

危険な動物の管理

人に危害を加えるおそれのある危険な動物については、「大規模地震対策特別措置法」が動物園などの大規模施設に対して、地震防災応急計画の作成を義務付けています。

動物愛護法に基づく飼養基準にも緊急時の規定があります。家庭動物基準では、所有者や占有者に対して、行政の指導や地域防災計画等をふまえて非常時の措置を決め、避難先で適正に管理できるよう、移動用の容器、非常食等を準備しておくこと、災害発生時は、できるだけペットと同行避難をして適切な避難場所を確保することを定めています。

そのほか、展示動物基準および実験動物基準では、管理者に対して、地震、火災等の緊急時の計画をあらかじめ作成すること、緊急事態発生時は、速やかに展示動物の保護、逸走による人への危害防止、環境保全上の問題等の発生防止に努めるべきことなどを定めています。

平常時から、逸走防止のために、飼養施設を週に一回以上は点検することなども規定されています（「特定動物の飼養又は保管の方法の細目」、「特定飼養施設の構造及び規模に関する基準の細目」）。

飼い主明示、日頃のしつけの重要性

ペットを救助してもらうことや同行避難を考えれば、避難所で見知らぬ人や他のペットに囲まれても静かにクレートに入っていられるなどの基本的なしつけ、はぐれても見つかるよう迷子札の装着、ペットの健康・衛生面への気配りなど、日頃の管理の重要性がわかります。また、人に危害を加えるおそれのある動物や自治体等で預かれない動物、特殊な環境や餌が必要で停電時に飼育困難な動物、ストレスに弱い野生動物などを一般個人がペットにするのは、ペットの保護、周囲への影響という面からも問題が大きいと考えざるを得ません。

＊「動物の愛護及び管理に関する施策を総合的に推進するための基本的な指針」

Q38
災害とペット(2)
～被災ペットの保護あれこれ～

Q

（Aさん）　被災地で、衰弱していた犬を保護しました。飼っても問題ないでしょうか。

（Bさん）　被災地で保護した犬を第三者に譲渡しても問題ないでしょうか？

（Cさん）　ボランティアで預かっている被災ペットが散歩中、野良犬に咬まれて大けがをしました。治療費は？

A

（Aさん）　遺失物法に基づく届出をしてから飼います。

（Bさん）　元の飼い主に返さなければならない可能性が三カ月間はあると伝え、一筆取ってから譲ります。

（Cさん）　元の飼い主とよく話し合って、治療費の分担を決めます。

緊急時にはやむを得ない範囲は広くなる

災害時のペットの法的扱いについて、基本は通常時と同様です（災害時に限った特例法などができない限り）。

しかし、通常のケースに比べて、緊急時ゆえ一時的にやむを得ないとして、関係当事者に許される範囲は広くなると考えられます。

（Aさん）放浪動物を保護したら、届出は必要

犬の所有権を取得したいのであれば、保護した地域を管轄する警察署に速やかに届けておくのが基本です。遺失物法（落とし物に関する法律）に基づいて処理してもらうよう話してください。三カ月たっても飼い主が名乗り出なければ、正式にあなたのペットとなります。動物愛護センターへの届出もよいですが、確実に所有権を取得するには、警察署で遺失物法の適用を受ける必要があります。遺失物についてはQ24も参照してください。

また、その地域の自治体で組織する災害時の動物対策本部への届出もしておきましょう。

特に所有権の問題を考えないのであれば、動物愛護センターに届けておきます。

さらに、保護する際、保護した所の見やすい場所に、保護したペットの特徴と連絡先がわかるようなメモを置いてこられればベストです。

（Bさん）保護した動物の譲渡。三カ月は元の飼い主に返さなければならない可能性があると伝えて譲って

右記のとおり、（当該災害に関する特別な法令ができない限り）遺失物法および民法により、警察署に届けてから三カ月は、所有者が名乗り出れば動物を返さ

なければなりません。ですから、譲渡先には、その可能性を伝え、返還する旨の念書ももらってから譲った方がトラブルに巻き込まれなくてよいと思います。

仮に、三カ月経過後に元の飼い主が出てきた場合、法律的には問題がないとしても、震災のゴタゴタで三カ月に限定するというのは酷な場合もあります。特に、ペットも元の飼い主を慕っていて、飼育環境に問題がないということであれば、戻した方がいいかもしれません。環境省の指針*の中にも、ペットは「被災者等の心の安らぎの確保」に必要であると書かれています。

元の飼い主に返す場合、それまでの世話にかかった費用（餌、ペットシーツ、猫砂などにかかった代金）は、ペットを渡すのと引き換えに支払ってもらうことができます。かかった費用の領収証はとっておきましょう。

（Cさん）預かりペットのけが。注意義務違反の程度により責任を負うことも

野良犬ということなので、その飼い主に損害賠償を請求することはできません。また、自治体がその野良犬の出没をよく知っていて同様の咬傷事故が多発していたにもかかわらず放置していたという事情でもあれば、自治体（知事）が責任を負うこともありますが、このようなことはまれでしょう（昭和五二年高裁判例で、幼児が野犬に咬まれて死亡した事故で県の賠償責任が認められたものがあります）。

では、あなたが飼い主に責任を負うか？ですが、まず、約束があればそれに従います。特に約束がなければ、原則として、飼い主が犬の治療費を負担すべきですが、あなたの保管状況によっては、責任を負う場合もあります。無報酬であっても、ペットの保管を受けた以上、あなたには最低限寄託契約上の「自己の財産

に対するのと同一の注意義務」（民法第六五九条）があるからです。これは、あなたと飼い主の間にボランティア団体等が入っている場合でも同様です（この場合、ボランティア団体等は、あなたを実際の保管者として選任、監督したことに問題があれば、飼い主に対して責任を負います）。

具体的には、さまざまな事情―犬にリードをつけていたか、コントロールできないような複数匹で散歩させていなかったか、あなた自身はどう対応したのか、危険な野良犬が以前もいた場所を漫然と散歩したのか、けがはすぐに治療させたかなど―を総合的に考慮して、事故やけががやむを得なかったのか、それともあなたが自分のペットを管理するのと同様の注意義務すら怠っていたのかを判断します。

通常、よほどあなたの散歩のさせ方に問題があるといえない限り、明らかにあなたの責任といえることは少ないと思いますが、反面、まったくあなたに落ち度（注意義務違反）がない場合も少ないと思いますので、治療費についても、ある程度負担すべきことになるのではないでしょうか。

これらをよく考えて飼い主と負担割合を話し合ってください。話し合いがつかなければ裁判所での調停（話し合い）や訴訟という方法もあります。

＊「動物の愛護及び管理に関する施策を総合的に推進するための基本的な指針」

column 13

ペット収容を定める法令

狂犬病予防法に基づく収容

鑑札または狂犬病予防注射済票を装着していない犬が収容されます。飼い主がわかる場合は連絡してから一日後、飼い主不明の場合は市町村長に通知してから二日間の公示後、一日の保管期間経過後に処分されます（最短四日目）。

動物愛護法に基づく収容

①飼い主が自治体に引き取りを求めた犬猫は飼い主を捜す必要はないのでほとんどが即処分されます。②飼い主不明として持ち込まれた犬猫および③公共の場所で病気やけがをして発見された犬猫等はやはり自治体に収容され、狂犬病予防法の扱いに準じて飼い主がわかれば連絡、わからなければ処分されます。ただし①〜③すべてにおいて、行政は適切な飼育希望者を募るなどできるだけ生存の機会を与えるよう努めることとされています（「犬及び猫の引取り並びに負傷動物等の収容に関する措置について」）。

③で「等」に入る犬猫以外のペットは、動物愛護法第四四条の愛護動物のうち、施設の収容力、人員などから各自治体で判断されます。東京都では、条例により、いえうさぎ、鶏、あひるも収容されます。

条例に基づく収容

条例が整っている自治体では実際は狂犬病予防法や動物愛護法ではなく条例に基づいて運用されているようです。たとえば東京都では条例により、飼い主不明の犬は知事が収容できるとされていて、犬は二日間の公示後、二日間の保管期間（狂犬病予防法よりも一日長い）を経て五日目に処分されます。

column 14

ペットと避難訓練！～防災リスト～

避難時にすぐ必要な物は持ち出しやすい所に置き、それ以外の物はわかりやすい場所にまとめて保管しておきます。人の物もそうですが、ペットの避難用品も年に一度は点検しましょう。

□ **五日分以上のフードと水**

特に犬・猫以外のフードは入手が難しいので、余分に用意しておきます。

□ **薬類**

ふだん服用している薬や特殊なフードなどは、災害時には手に入りにくいので、ゆとりをもって蓄えておくとよいでしょう。

□ **写真**

ペットの写真は迷子になったときのポスター作成に必要です。飼い主と一緒に写っているものも、飼い主の特定やペットの大きさの判断に役立ちます。

□ **ペットの首輪、リード、キャリーバッグなど**

ペットを飼育するのに必要な道具類。予備の名札や保温に必要な敷物、排せつ物を片付ける袋、ドライシャンプーなども便利です。

リーフレット「ひとと動物の防災を考えよう」（公益社団法人日本愛玩動物協会）より

リーフレットでは、人と動物が一緒に安全に避難するための防災のポイント一二項目なども紹介されています。

http://www.jpc.or.jp/activities/pamphlet-published/

column

番外編　よく出る法律用語の基礎知識

裁判

広義では公権的な法的判断の表示を指し、狭義では、司法機関としての裁判所または裁判官が行う訴訟行為を指します。通常は狭義の意味で使われます。

「訴訟」とは、法律的に権利救済や紛争解決をするために、当事者を関与させて審理、判断する手続きのことです。裁判には民事裁判と刑事裁判の二つがあり、裁判の種類には判決・決定・命令の三つがあります。日本は三審制をとっているので、通常、一審が地方裁判所（小規模な事件の場合は簡易裁判所）、二審が高等裁判所（控訴審）、三審が最高裁判所（上告審）で審理されます。

〈刑事事件〉

告訴

犯罪の被害者等が捜査機関に対し、犯罪事実を申告し、犯人の処罰を求める意思表示です。捜査機関は告訴を受理すると捜査を開始しなければなりません。そのため、警察はなかなか告訴を受理してくれないのが現状です。単なる犯罪事実の申告にとどまる「被害届」とは効果が異なります。

告訴と似た「告発」は、犯人および告訴権者以外の者が行う場合です（つまり誰でもできます）。「自首」は、犯罪発覚前に犯人自ら捜査機関に犯罪事実を申告し、処分を求めることです。

検察官

公益の代表者として訴訟手続に関与することを主任務とする公務員。

刑事事件において、捜査と公訴（起訴）を行います。民事事件が誰でも訴訟提起できるのとは異なり、刑事事件は検察官しか起訴できません（これを起訴独占主義といいます）。

動物事件についてイギリスのＲＳＰＣＡ（王立動物虐待防止協会）が訴追するなど海外では私人訴追が許されている例もあります。

なお、第一次的な捜査機関は原則として検察ではなく警察です。司法試験に合格し、所定の修習を終えると、裁判官・検察官・弁護士のいずれかになれますが、裁判官・検察官とも退職後は弁護士になるのが一般的です。

執行猶予

刑の言い渡しはするが、情状によって刑の執行を一定期間猶予し、猶予期間経過後は刑罰権を消滅させるという制度。

「懲役一年六カ月。執行猶予三年」という判決の場合、何事もなく三年の猶予期間が経過すれば、実際は刑務所に行かなくてすみます。そのため、執行猶予がつくかどうかは被告人には最大の関心事といえます。執行猶予がつかない場合、つまり実刑ということになると、たとえ一年でも実際は重い意味があるといえます。猶予期間内にまた犯罪を起こして有罪になれば、そのときは猶予されていた刑罰と、新たに科される刑罰があわせて科されます。右の例でいうと、次の刑罰が懲役二年であれば、あわせて懲役三年六カ月刑務所に入ることになります。

〈民事事件〉

慰謝料

精神的損害の賠償。

「民事責任」というと通常、損害賠償責任（つまりお金）ですが、不法行為責任を負う場合は、物理的な損害（治療費、修理代、交通費、弁護士費用など）のみならず、精神的な損害についても賠償しなければならないことがあります（民法第七一〇条）。

過失

不注意あるいは注意義務違反。

自分の行為から一定の結果が発生することを認識できた（予見可能性）のに不注意でそれを認識しないこと。あるいは、損害発生を回避するよう行動しなければならない（結果回避義務）のにそれをしないことです。

「過失相殺」という制度は、賠償額を決めるにあたり、被害者に過失がある場合、公平の観点から被害者の過失部分を減額するものですが、行うかどうかはあくまで裁判所の裁量次第です。

「故意」は、自分の行為から一定の結果が生じることを知りながらあえてその行為をする場合（わざということ）。「重過失」は、注意義務違反が甚だしい場合です。

調停

私人間の自主的な紛争解決のために、第三者が仲介し、解決合意の成立をめざす手続き。

裁判所で行われる民事調停は、裁判官と調停委員によって行われます。調停が成立すれば、裁判上の和解と同じ効力があります。「和解」（民法第六九五条）は、紛争当事者が互いに譲歩して争いをやめることを約する契約のことで、裁判外でもできます。これに似た「示談」は、互いに譲歩するかどうかを問わず、民事上の紛争を裁判によらずに当事者間で解決する契約のことです。

占有

自分が利益を受ける意思で（自己のためにする意思で）物を現実に支配している事実状態。

「占有権」は、そのような状態を持てる権利。ちなみに、「所有権」は、法令の制限内で自由にその物の使用・収益（物を貸して賃料を得るなど）・処分（物を売ってお金を得るなど）ができる権利です。動物の飼い主は、通常、所有者兼占有者なので区別の実益はあまりないのですが、たとえば、ペットのシッターが客（所有者）の犬を散歩中、犬が他人に咬みつきけがをさせた場合、所有者と占有者は別人ということになり、占有者であるシッターが占有者責任を負うことになります（民法第七一八条一項）。

債務不履行

契約上一定の債務を負う者（債務者）がその債務を負うことで当然期待される履行（債務の本旨に従った履行）をしないこと（民法第四一五条「債務不履行責任」）。

たとえば、売り主であるペットショップが物（ペット）を引き渡さない場合など。不法行為責任（民法第七〇九条）と異なり、契約責任なので、債務者側で過失がないこと（自己の責めに帰すべき理由がないこと）を立証しないと免責されません。

瑕疵《かし》

「きず」のこと。法律上何らかの欠点・欠陥があること。

売買の目的物に隠れた瑕疵がある場合の「瑕疵担保責任」（民法第五七〇条）でおなじみの用語です。

身体障害者補助犬

盲導犬・聴導犬・介助犬のいずれかとして、「身体障害者補助犬法」の手続きに沿って認定された犬。

遺言

（イゴンとも読む。）一定の方式に従ってされる相手方のない一方的かつ単独の意思表示で、遺言者の死後の法律関係を定める最終意思の表示。

遺言者の死亡によって法律効果が発生します。死者の生前の財産上の権利義務を他の者が包括的に承継するのが「相続」ですが、相続は遺言があればそれに従って行われることになります（例外的に、配偶者や子どもなどが遺留分減殺請求をした場合は一部制限されます）。

法人

会社や団体など、自然人（われわれ個人）以外のもので法律上の権利義務の主体とされているもの。もちろん契約の当事者になることもできます。体はないので法人に死刑・懲役刑などの自由刑が科されることはありません（罰金刑などの財産刑は科されます）。このように一定の団体に法律上の人格を認めるのは法技術上便利だからといえるでしょう。

…ということは、現在日本の法律上「物」扱いされている動物に、近い将来〝人格〟が認められることも不可能ではないかもしれませんね⁉

参考：『法律学小辞典』（有斐閣）

参考図書

「ペットの法律全書」 椿寿夫・堀龍兒・吉田眞澄著（有斐閣選書）一九九七年

「改正動物愛護管理法Q＆A」 動物愛護論研究会　編著（大成出版社）二〇〇六年

「ペットフード安全法の解説」 ペットフード安全法研究会　編著（大成出版社）二〇〇九年

「ペットの死、その悲しみを超えて」 石井万寿美著（コスモヒルズ）二〇〇二年

「住宅密集地における犬猫の適正飼養ガイドライン」（平成二二年二月発行　環境省）

「もっと飼いたい？　犬や猫の複数頭・多頭飼育を始める前に」（平成二三年三月発行　環境省）

「動物の遺棄・虐待事例等調査報告書」（平成二一年度　環境省）

「わんわんにゃんにゃん母子手帳」（一般社団法人全国ペット協会）

リーフレット「ひとと動物の防災を考えよう」（公益社団法人日本愛玩動物協会）

【略歴】
浅野明子（あさのあきこ）
東京都出身。早稲田大学法学部卒。1999年、弁護士登録（第一東京弁護士会）。民事事件一般を扱っている。最近ではペットに関する相談も多い。第一東京弁護士会環境保全対策委員会委員、日本弁護士連合会公害対策・環境保全委員会委員。ペット法学会会員、愛玩動物飼養管理士１級。著書に『Q&A でわかるペットのトラブル解決法』（法学書院）（共著）、『わかりやすい獣医師・動物病院の法律相談』（新日本法規）（共著）などの法律書のほか、愛犬との日々を綴った『わんころチェロその日々』（高木あき子／文芸社）がある。

知って得する！
ペット・トラブル
解決力アップの秘訣38！

2014年３月10日　第１版第１刷発行

著者　浅野明子
発行者　松林久行
発行所　株式会社大成出版社
東京都世田谷区羽根木１－７－11
〒156-0042　電話（03）3321-4131㈹
http://www.taisei-shuppan.co.jp/

印刷　信教印刷

ISBN978-4-8028-3061-4